Gehirn, Natur, Geist, Universum: Interessante Fakten und ungelöste Rätsel der Wissenschaft und des Kosmos

Aktualisiert für 2024 mit den neuesten wissenschaftlichen Entdeckungen

Oliver Elliott

Inhaltsverzeichnis

Einführung

Ich habe lange davon geträumt, dieses Buch zu schreiben - nicht nur, um die außergewöhnlichen Wunder der Natur und der Wissenschaft mit anderen zu teilen, sondern auch, um die Entdeckerfreude wieder aufleben zu lassen, die ich während meines Studiums empfand, als ich in die Welt der wissenschaftlichen Literatur eintauchte. Im Grunde genommen sind wir von Geburt an neugierig auf das Universum, und diese Neugierde ist eine unserer größten Gaben. Doch wenn das Leben uns in die Routine und das Alltägliche hineinzieht, verblasst diese natürliche Neugierde oft. Die Wunder der Natur und der Wissenschaft haben die Kraft, sie wieder zu entfachen und uns an das faszinierende Universum zu erinnern, in dem wir leben.

Das Buch ist in acht Kapitel unterteilt. In den ersten drei Kapiteln werden Tiere, Pflanzen und Naturphänomene von außergewöhnlicher Qualität vorgestellt. Stellen Sie sich einen Vogel vor, der schneller taucht als ein Flugzeug beim Start, eine Pflanze, die sich über eine Fläche ausbreitet, die größer ist als Washington, D.C., oder einen Vulkan, der so gewaltig ist wie New Mexico - jedes einzelne ein Zeugnis der erstaunlichen Kreativität der Natur.

In den Kapiteln 4 und 5 geht es um die Geheimnisse und unerforschten Gebiete der Natur und des Kosmos. Vom Bermuda-Dreieck, in dem unzählige Schiffe und Flugzeuge ohne Erklärung verschwunden sind, bis hin zu schwarzen Löchern, die Raum und Zeit bis an ihre Grenzen verzerren, erinnern uns diese Kapitel daran, wie wenig wir angesichts des großen Unbekannten wissen.

In Kapitel 6 wird das Geheimnis des menschlichen Gehirns gelüftet. Dieses außergewöhnliche Organ ist nicht nur das leistungsfähigste Rechengerät, das wir kennen, und kann eine Quintillion (10^18) Berechnungen pro Sekunde durchführen, sondern zeigt auch die rätselhaftesten Symptome, wenn etwas schief läuft. Phantomwahrnehmungen, blinde Patienten, die unbewusst "sehen" können, und Hirnverletzungen, die Menschen davon überzeugen, dass ihre Angehörigen Hochstapler sind - all dies zeigt, wie viel wir über unser Gehirn noch nicht verstanden haben.

Kapitel 7 führt die Erforschung des Gehirns einen Schritt weiter - in den Bereich des Geistes. Traditionell als zweitrangig gegenüber dem physischen Gehirn betrachtet, deckt die jüngste Forschung den tiefgreifenden Einfluss des Geistes auf. Von psychologischen Tricks, die die Gewichtsabnahme fördern, Kraft aufbauen, Warzen entfernen und sogar den Alterungsprozess umkehren, über Meditationspraktiken, die die Kriminalitätsrate senken, bis hin zu strengen Studien, die darauf hindeuten, dass die menschliche Absicht die physische Realität beeinflussen kann, fordern uns diese Erkenntnisse heraus, die Rolle des Geistes bei der Gestaltung unserer Welt zu überdenken.

Das letzte Kapitel schließlich schließt das Buch ab und reflektiert meinen persönlichen Weg und meine Motivation, dieses Buch zu schreiben.

Dieses Buch ist eine Reise zu den Wundern und Geheimnissen der Natur, der Wissenschaft und des Kosmos. Mit einem bescheidenen Geist und einem offenen Herzen lade ich Sie ein, mich auf diesem Abenteuer zu begleiten.

Chapter 1

Rekordverdächtige Tiere

1.1 Die schnellsten Kreaturen

Schnellste Landtiere

- Der afrikanische Gepard (*Acinonyx jubatus*) ist das schnellste Landtier und erreicht eine Geschwindigkeit von bis zu 120 km/h. Er kann in weniger als drei Sekunden von 0 auf 60 mph (96 km/h) beschleunigen, kann diese Geschwindigkeit aber nur für kurze Strecken (etwa 400 Meter) beibehalten, bevor er eine Pause braucht.

- Das Pronghorn (*Antilocapra americana*) ist das zweitschnellste Landtier und lebt in Herden in den nordamerikanischen Grasländern und Wüsten. Es kann Geschwindigkeiten von bis zu 89 km/h (55 mph) erreichen und eine Geschwindigkeit von 64 km/h (40 mph) für mindestens 11 km (7 Meilen) beibehalten. Im Verhältnis zu seiner Körpergröße verfügt er über ein großes Atmungs- und Herz-Kreislauf-System, um seine Lauffähigkeit zu unterstützen.

- Der Springbock (*Antidorcas marsupialis*), das drittschnellste Landtier, ist eine kleine bis mittelgroße Antilope, die in den Trockensavannen und Grasländern des südlichen Afrikas vorkommt. Er kann bis zu 88 km/h schnell rennen und ist für sein "Pronking"-Verhalten bekannt, bei dem er über 3 Meter in die Luft springt.

Die schnellsten Vögel (und alle Tiere!)

- Der Wanderfalke (*Falco peregrinus*) hält den Rekord für das schnellste Tier der Welt. Er kann seine Beute aus einer Entfernung von einer Meile sehen und erreicht beim Sturzflug Geschwindigkeiten von bis zu 240 mph (386 km/h, schneller als ein Flugzeug beim Start!), um seine Beute zu erlegen. Wanderfalken leben und brüten auf allen Kontinenten außer der Antarktis.

- Steinadler (*Aquila chrysaetos*) können mit Geschwindigkeiten von bis zu 320 km/h tauchen, um kleine Säugetiere, Fische, Vögel und Reptilien zu jagen. Um diese Geschwindigkeiten zu erreichen, straffen sie ihren Körper, indem sie ihre Flügel und Beine einklappen. Steinadler sind in Gebirgsregionen, offenem Land und zerklüftetem Gelände in Nordamerika, Europa, Asien und Teilen Nordafrikas zu finden.

- Der Weißkehl-Nadelschwanzsegler (*Hirundapus caudacutus*) ist der schnellste Vogel im Schlagflug und erreicht Geschwindigkeiten von bis zu 105 mph (170 km/h). Diese Mauersegler fangen fliegende Insekten in der Luft mit ihren breiten Schnäbeln und ziehen im Winter von Zentralasien und Südsibirien in wärmere Regionen wie Indien, Südostasien und Australien.

Schnellste Meerestiere

- Der Segelfisch (*Istiophorus platypterus*) ist das schnellste Meerestier und der schnellste Fisch. Er schwimmt mit einer Geschwindigkeit von bis zu 109 km/h (68 mph). Sein schlanker Körper und sein länglicher Schnabel minimieren den Wasserwiderstand, während seine segelartige Rückenflosse abgeflacht werden kann, um seine Form für schnelle Bewegungen zu optimieren.

- Der Schwertfisch (*Xiphias gladius*) kann Geschwindigkeiten von bis zu 97 km/h (60 mph) erreichen. Er nutzt seinen schwertähnlichen Schnabel, um Fischschwärme zu durchtrennen und seine Beute zu betäuben. Als opportunistische Jäger verlassen sich Schwertfische auf ihre Geschwindigkeit, um verschiedene Fische und Tintenfische zu fangen. Entgegen der landläufigen Meinung verlieren erwachsene Schwertfische ihre Schuppen nicht; ihre Schuppen sind tief in die Haut eingebettet, was ihnen ein glattes, schuppenloses Aussehen verleiht.

- Der Blaue Marlin (*Makaira nigricans*) ist der drittschnellste Fisch und erreicht Geschwindigkeiten von 53 mph (85 km/h). Mit seinem kräftigen, muskulösen Körperbau kann er Beutetiere wie kleinere Fische und Tintenfische leicht überholen. Blaue Marline sind nicht nur schnell, sondern auch groß: Sie werden bis zu 3,6 Meter lang und wiegen bis zu 907 Kilogramm. Weibliche Marlins können bis zu 27 Jahre alt werden.

Schnellstes Insekt

- Pferdebremsen sind die schnellsten fliegenden Insekten. Ein Männchen *von Hybomitra hinei wrighti*, einer Pferdefliegenart aus der Familie der Tabanidae, erreichte bei der Jagd auf ein Weibchen Geschwindigkeiten von bis zu 145 km/h.

Menschen vs. Tiere

- Usain Bolt stellte 2009 den Weltrekord von 9,58 Sekunden im 100-Meter-Lauf auf und erreichte dabei eine Spitzengeschwindigkeit von 44,72 km/h (27,8 mph). Doch selbst mit dieser Rekordgeschwindigkeit gehört der Mensch nur zu den 30 schnellsten Landsäugetieren. Dennoch ist der Mensch dank seiner langen Gliedmaßen, seiner aufrechten Haltung und seiner Fähigkeit zu schwitzen im Vergleich zu anderen Tieren ein hervorragender Ausdauersportler.

1.2 Unglaubliche Vision

- Bestes Sehvermögen bei Säugetieren: Unter den Säugetieren verfügt der Mensch über ein außergewöhnliches Sehvermögen, das es ihm ermöglicht, Objekte in der Ferne klar zu erkennen. Die menschlichen Augen haben eine starke Tiefenwahrnehmung und können bis zu 1 Million Farben unterscheiden (ist das nicht erstaunlich?). Der Schlangenerkennungstheorie zufolge hat sich unser hochentwickeltes Sehvermögen zum Teil aus der Notwendigkeit heraus entwickelt, giftige Schlangen zu erkennen.

- Beste Nachtsicht: Eulen verfügen über eine bemerkenswerte Nachtsicht, da ihre Netzhaut eine hohe Dichte an Stäbchenzellen aufweist (fast eine Million pro Quadratmillimeter), fünfmal mehr als beim Menschen. Ihre Augen sind im Verhältnis zu ihrer Körpergröße besonders groß, was ihre Fähigkeit, bei schwachem Licht zu sehen, verbessert und sie zu den besten nächtlichen Jägern macht.

- Beste Unterwassersicht: Haie haben eine hervorragende Unterwassersicht und können unter Wasser bis zu 10 Mal besser sehen als Menschen. Sie haben eine dichte Konzentration von Netzhautstäbchen und eine reflektierende Schicht namens Tapetum lucidum (lateinisch für "leuchtende Schicht") in ihren Augen, die das Licht in dunklen, trüben Gewässern verstärkt.

- Weitestes Sichtfeld: Chamäleons können ihre Augen unabhängig voneinander drehen und haben so ein Sichtfeld von fast 360° - 90° in der Vertikalen und 180° in der Horizontalen. Dadurch können sie ihre Umgebung ausgiebig beobachten, ohne den Kopf zu bewegen, was für die unbemerkte Jagd auf Beute entscheidend ist.

- Bestes Farbensehen: Bläulinge haben mindestens 15 Arten von Photorezeptoren im Vergleich zu den drei beim Menschen, was sie zu den Tieren mit dem besten Farbsehvermögen macht. Ihre Fotorezeptoren können ein Spektrum von ultraviolettem, violettem, blauem, blaugrünem, grünem und rotem Licht erkennen. Dadurch können sie bestimmte Farben in komplexen Umgebungen erkennen, z. B. versteckte Objekte in der Vegetation.

- Komplexestes Sehvermögen: Die Fangschreckenkrebse haben das komplexeste Sehsystem im Tierreich. Mit 12 bis 16 Photorezeptoren in ihren Facettenaugen können sie ultraviolettes und polarisiertes Licht sehen und ihre Empfindlichkeit auf verschiedene Wellenlängen einstellen. Dies deutet darauf hin, dass ihre Augen visuelle Informationen verarbeiten, bevor sie das Gehirn erreichen.

- Bestes Sehvermögen im Tierreich: Adler haben eine Sehschärfe von 20/5, was viermal stärker ist als beim Menschen. Sie haben ein nahezu panoramisches Sehvermögen und können Beutetiere aus einer Entfernung von bis zu 3 Meilen erkennen. Sie haben eine verbesserte Farbwahrnehmung und können auch UV-Licht sehen. Sie sind die unangefochtenen Meister der Sehkraft im Tierreich!

1.3 Schärfster Geruchssinn

- Es wird allgemein angenommen, dass Bären den besten Geruchssinn aller Tiere haben. Manche Schätzungen gehen davon aus, dass er 2.100 Mal besser ist als der des Menschen. Ihr Geruchssinn ist so gut, dass er schwer zu messen ist, und die Schätzungen über ihre Reichweite gehen weit auseinander. Manche sagen, dass ein Schwarzbär Nahrung aus einer Entfernung von mehr als einem Kilometer riechen kann, während andere behaupten, dass er Nahrung aus einer Entfernung von mehr als zwei Meilen riechen kann. Man schätzt, dass der Geruchssinn von Eisbären sogar noch besser ist, nämlich bis zu 40 Meilen .[1]

- Afrikanische Elefanten haben wahrscheinlich den stärksten Geruchssinn, was die schiere Anzahl der Geruchsrezeptoren angeht. Eine Forschungsstudie hat gezeigt, dass sie schätzungsweise 2.000 Arten von Geruchsrezeptoren besitzen, die es ihnen ermöglichen, eine große Bandbreite von Gerüchen mit unglaublicher Präzision zu erkennen[2] . Sie können Wasserquellen aus bis zu 20 km Entfernung aufspüren und nutzen den Geruch anderer Elefanten, um soziale Bindungen zu pflegen.

- Bluthunde sind für ihren außergewöhnlichen Geruchssinn bekannt, der schätzungsweise mindestens 1.000 Mal stärker ist als der des Menschen. Sie haben rund 230 Millionen Riechzellen in ihren großen, empfindlichen Geruchsmembranen, die es ihnen ermöglichen, Gerüche zu erkennen, die Menschen nicht wahrnehmen können. Bluthunde können einer Duftspur über 130 Meilen folgen oder einer Spur, die mehr als 12 Tage alt ist. Der Geruchssinn von Bluthunden wird von den Strafverfolgungsbehörden seit fast 200 Jahren genutzt, um vermisste Personen und Verbrecher aufzuspüren. Ihre Erkenntnisse können sogar vor Gericht verwendet werden.

1.4 Bestes Gehör

- Tauben haben die außergewöhnliche Fähigkeit, Infraschall zu hören, d. h. Töne mit sehr niedrigen Frequenzen. Während der menschliche Hörbereich bei etwa 20 Hz beginnt, können Tauben Töne bis zu 0,05 Hz wahrnehmen. Diese bemerkenswerte Fähigkeit ermöglicht es ihnen, Infraschall wahrzunehmen, der von weit entfernten Stürmen, Erdbeben und Vulkanen ausgeht. Tauben können diese tieffrequenten Geräusche als "Schallkarten" nutzen, um auf Langstreckenflügen zu navigieren. Ihre außergewöhnlichen Navigationsfähigkeiten wurden in Kriegszeiten sehr geschätzt, und sie erhielten im Zweiten Weltkrieg 32 von 53 PDSA-Dickin-Medaillen für ihre Tapferkeit und ihre Hingabe an die Pflicht .[3]

- Die Große Wachsmotte hat trotz ihrer einfachen Ohrstruktur das empfindlichste Gehör in der Insektenwelt. Mit nur einem Paar Trommelfelle und jeweils vier Rezeptorzellen kann sie Frequenzen von bis zu 300.000 Hz wahrnehmen[4] (im Vergleich zu 20.000 Hz beim Menschen) und ist damit das Tier mit dem besten Gehör, das die Wissenschaft kennt. Dieses außergewöhnliche Gehör ermöglicht es der Motte, Raubtiere wie Fledermäuse aufzuspüren und ihnen auszuweichen.

- Wölfe verfügen über ein bemerkenswertes Gehör, mit dem sie Geräusche aus großer Entfernung wahrnehmen können - in Wäldern bis zu 9,7 km und in offenen Gebieten bis zu 16,1 km. Dieses außergewöhnliche Gehör ist für die Jagd und das Überleben in der Wildnis unerlässlich.

1.5 Schärfster Tastsinn

- Der Sternnasenmolch (*Condylura cristata*) ist für seinen außergewöhnlichen Tastsinn bekannt. Diese Maulwürfe haben 22 bewegliche, fingerähnliche Nasenanhänge, die mit mehr als 25.000 sensorischen Rezeptoren bedeckt sind, was ihnen einen Tastsinn verleiht, der sechsmal empfindlicher ist als der einer menschlichen Hand. Sie können sogar Gerüche unter Wasser wahrnehmen, indem sie kleine Luftblasen auf Objekte oder Geruchsspuren ausatmen und dann die Blasen einatmen, um den Geruch durch die Nase zurückzutragen.

- Taranteln sind große, haarige Spinnen mit einem außergewöhnlichen Tastsinn. Spezialisierte Haare, Trichobothrien genannt, bedecken ihre Beine und Pedipalpen und helfen ihnen, schwache Luftbewegungen zu erkennen. Diese feinen Härchen können Luftbewegungen bis zu 10 Millionstel Millimeter wahrnehmen - das entspricht etwa der Größe von zwei Wasserstoffatomen - und ermöglichen es ihnen, den Standort von Lebewesen in der Nähe genau zu bestimmen und festzustellen, ob es sich um potenzielle Beute oder Partner handelt.

1.6 Bester Geschmack

- Welse haben einen außergewöhnlichen Geschmackssinn. Während ein durchschnittlicher Mensch etwa 10.000 Geschmacksknospen hat, verfügen Welse über 100.000 (einige große Welse haben bis zu 175.000), die ihren gesamten Körper bedecken, einschließlich ihrer Schnurrhaare, Flossen und Haut. Diese Geschmacksknospen sind hochempfindlich und ermöglichen es den Welsen, Nahrung aus meilenweiter Entfernung zu erkennen, sogar in trübem Wasser. Welse nutzen ihre Geschmacksrezeptoren, um Beute zu lokalisieren, und können sogar die Richtung bestimmen, aus der ein Geschmack kommt. Dieser außergewöhnliche Geschmackssinn ist für Welse von entscheidender Bedeutung, da sie sich bei der Jagd und der Nahrungsaufnahme stark auf ihn verlassen. Im Gegensatz dazu haben Hühner die wenigsten Geschmacksknospen aller Tiere, nämlich nur etwa 24.

1.7 Längste Lebensspannen

Der langlebigste Vogel

- Der älteste bestätigte Vogel in Gefangenschaft war ein rosa Kakadu namens Cookie, der im Brookfield Zoo in Chicago 83 Jahre alt wurde. Obwohl einige Vögel behaupten, über 100 Jahre alt geworden zu sein, können diese Behauptungen nicht verifiziert werden, da es keine genauen Aufzeichnungen über den Schlupf gibt, insbesondere bei Wildvögeln. Außerdem übertreiben Vogelfreunde manchmal mit dem Alter ihrer Vögel. Cookie hält den Guinness-Weltrekord für den ältesten bestätigten Vogel.

Am längsten lebendes Landtier

- Jonathan, eine 191 Jahre alte Riesenschildkröte von den Seychellen (Stand: August 2024), hält den Guinness-Weltrekord für das älteste lebende Landtier. Jonathan wurde um 1832 geboren und hat die Amtszeiten von 40 US-Präsidenten und 31 Gouverneuren von St. Helena, seiner Heimatinsel, überlebt. Trotz seines fortgeschrittenen Alters und des Verlusts der Sehkraft aufgrund des Grauen Stars bleibt Jonathan aktiv und wird wöchentlich von Hand gefüttert, um sicherzustellen, dass er alle wichtigen Nährstoffe erhält. Seine bemerkenswerte Lebenserwartung liegt weit über den durchschnittlichen 150 Jahren seiner Art.

- Adwaita, was in Sanskrit "einzig und allein" bedeutet, war eine männliche Aldabra-Riesenschildkröte, die im Alipore Zoological Gardens in Kolkata, Indien, lebte. Mit einem Gewicht von 250 kg ernährte sich Adwaita von Weizenkleie, Karotten, Salat, eingeweichten Kichererbsen und Brot. Ende 2005 führte ein Riss in seinem Panzer zu einer tödlichen Infektion, die zu Leberversagen und seinem Tod am 22. März 2006 führte. Zum Zeitpunkt seines Todes war Adwaita schätzungsweise mindestens 255 Jahre alt. Sollte diese Schätzung zutreffen, wäre Adwaita das am längsten lebende Landtier, das jemals aufgezeichnet wurde.

Längste Lebenserwartung bei Säugetieren

- Der Grönlandwal (*Balaena mysticetus*) gilt mit einer Lebenserwartung von über 200 Jahren als das am längsten lebende Säugetier. Diese Wale leben in den arktischen und subarktischen Ozeanen und erreichen ihre Geschlechtsreife erst im Alter von etwa 25 Jahren. Harpunenspitzen aus Stein, die in einigen erbeuteten Walen gefunden wurden, weisen darauf hin, dass sie weit über 100 Jahre alt werden können, und einige Wissenschaftler glauben, dass sie sogar noch länger leben können.

Längste Lebenserwartung bei Wirbeltieren

- Grönlandhaie sind die am längsten lebenden Wirbeltiere der Erde. Anhand von Kohlenstoff-14-Datierungen schätzten Wissenschaftler die Lebensdauer dieser Haie auf etwa 400 Jahre, wobei weibliche Grönlandhaie mit etwa 156 Jahren die Geschlechtsreife erreichen[5] . Ihre außergewöhnlich lange Lebensdauer ist wahrscheinlich auf das kalte Wasser des Nordatlantiks und des arktischen Ozeans zurückzuführen, das ihre metabolischen und biochemischen Prozesse verlangsamt.

Am längsten lebende Tiere

- Glasschwämme gehören zu den am längsten lebenden Lebewesen auf der Erde, wobei einige Exemplare 10.000 bis 15.000 Jahre alt werden können. Ein Glasschwamm im Rossmeer gilt als das älteste lebende Tier, während ein anderer im Ostchinesischen Meer 11.000 Jahre alt sein soll. Diese Schwämme könnten schon während der letzten Eiszeit gelebt haben. Sie sind Tiere, keine Pflanzen oder Felsen, und haben komplexe, glasartige Skelette. Sie leben an harten Oberflächen, filtern das Wasser und ernähren sich von Bakterien und Plankton.

- Unsterbliche Qualle. Wissenschaftler entdeckten *die Turritopsis dohrnii*, die als "unsterbliche Qualle" bekannt ist, in den 1880er Jahren im Mittelmeer. Sie verfügt über die einzigartige Fähigkeit, ihren Lebenszyklus zurückzusetzen und in ein früheres Entwicklungsstadium zurückzukehren, wenn sie physischen Schäden oder Bedrohungen ausgesetzt ist. Obwohl sie nur 4,5 mm groß ist, ist die unsterbliche Qualle eine widerstandsfähige und zunehmend aggressive Art, die sich über den Ballast von Schiffen weltweit ausbreitet.

Langlebigste Menschen

- Obwohl die Lebensspanne des Menschen im Vergleich zu anderen Tieren nicht beeindruckend ist, ist sie unter den Säugetieren doch recht hoch. Im August 2024 beträgt die längste nachgewiesene menschliche Lebensspanne 122 Jahre und 164 Tage, gehalten von Jeanne Calment (1875-1997) aus Frankreich. Die längste nachgewiesene Lebenserwartung eines Mannes liegt bei 116 Jahren und 54 Tagen, gehalten von Jiroemon Kimura (1897-2013) aus Japan.

- Japan hat mit schätzungsweise 146.000 Menschen, die 100 Jahre und älter sind, die größte Hundertjährigenpopulation der Welt. Die Zahl der Hundertjährigen in Japan ist in den letzten zwei Jahrzehnten stetig gewachsen, wobei auf einen männlichen Hundertjährigen sieben weibliche Hundertjährige kommen.

1.8 Giganten und Miniaturen

Größtes Säugetier

- Der Blauwal (*Balaenoptera musculus ssp. intermedia*) ist das größte Säugetier der Welt und das größte Tier und Wirbeltier, das je gelebt hat. Antarktische Blauwale können bis zu 30 Meter lang werden und bis zu 200 Tonnen wiegen. Ihr Herz ist so groß wie ein Kleinwagen, ihre Zunge so groß wie ein Elefant und ihre Arterien sind so breit, dass ein Mensch hindurchschwimmen könnte. Blauwale sind außerdem die lautesten Tiere der Erde, ihre Rufe erreichen bis zu 188 Dezibel. Während der Fütterungszeit können sie bis zu 3,6 Tonnen Krill pro Tag verzehren.

- Der Afrikanische Buschelefant (*Loxodonta africana*) gilt als das größte Landsäugetier der Welt. Männliche Afrikanische Elefanten können bis zu 6 Tonnen (13.300 Pfund) wiegen und bis zu 4 Meter (13 Fuß) groß werden, während Weibchen etwa 5,4 Tonnen (12.000 Pfund) wiegen und 4,5 Meter (14,7 Fuß) groß werden können. Der größte jemals aufgezeichnete Elefant wurde 1974 in Angola geschossen und maß vom Rüssel bis zum Schwanz 10,7 Meter. Afrikanische Elefanten sind in Afrika südlich der Sahara beheimatet und leben in Herden in den Savannen und Wäldern. Sie sind für ihre langen Rüssel und Stoßzähne bekannt, die bis zu 2,4 Meter lang werden können und der Nahrungssuche dienen.

Kleinstes Säugetier

- Die etruskische Spitzmaus ist das kleinste lebende Säugetier: Sie wiegt nur 1,5 Gramm (0,05 Unzen) und wird zwischen 36 und 52 Millimeter lang. Er kommt in

Asien und im Mittelmeerraum vor. Sein Herz schlägt bis zu 25 Mal pro Sekunde, im Vergleich zu 1,2 Mal pro Sekunde beim Menschen.

- Das kleinste Säugetier, gemessen an der Körperlänge, ist die Kitti-Fledermaus, auch bekannt als Hummel-Fledermaus. Sie ist etwa 29 bis 33 Millimeter lang und hat den kleinsten Schädel aller Säugetiere. Sie wiegt etwa 1,7 bis 2 Gramm (0,05 bis 0,07 Unzen), was in etwa dem Gewicht von zwei Skittles-Bonbons entspricht. Sie lebt in Höhlen in Westthailand und Myanmar in Kolonien von weniger als 100 Fledermäusen.

Größtes Tier

- Die Giraffe (Giraffa camelopardalis) ist das größte Landtier der Welt und kann bis zu 5,5 Meter hoch werden. Ihre langen Hälse, die bis zu 6 Fuß lang sein können, machen fast die Hälfte ihrer Höhe aus. Auch ihre Beine sind größer als die der meisten erwachsenen Menschen. Giraffen sind in Afrika beheimatet und leben hauptsächlich in Savannen, wo Grasland und Bäume die nötige Deckung und Nahrung bieten.

Größter Vogel

- Der gemeine Strauß (*Struthio camelus*) ist der größte lebende Vogel der Welt. Er wird bis zu 2,8 Meter groß und wiegt über 156,8 Kilogramm (9,2 Fuß). Strauße sind in Afrika heimisch und bewohnen Grasland, Savannen und Buschland. Obwohl sie nicht fliegen können, benutzen sie ihre breiten Flügel (die bis zu 2 Meter lang sind) wie Segel, um sich beim Laufen zu stabilisieren. Ihre Eier sind die größten aller Vogelarten und wiegen im Durchschnitt 1,4 Kilogramm (3,1 Pfund), was ungefähr 24 Hühnereiern entspricht.

Kleinster Vogel

- Der Bienenkolibri (Mellisuga helenae) ist mit einer Länge von 57 Millimetern und einem Gewicht von weniger als 2 Gramm der kleinste Vogel der Welt. Er ist auf Kuba heimisch und wird oft mit einer Biene verwechselt. Das Weibchen baut napfförmige Nester aus Spinnweben und Moos, und ihre Eier sind etwa so groß wie Kaffeebohnen. Der Bienenkolibri schlägt während des Fluges 80 Mal pro Sekunde mit den Flügeln, während des Balzfluges sogar bis zu 200 Mal pro

Sekunde.

Größter Fisch

- Der Walhai (*Rhincodon typus*) ist der größte Fisch der Welt, er wird bis zu 12 Meter lang und wiegt bis zu 40 Tonnen (88.200 Pfund). Trotz seiner Größe und seines einschüchternden Aussehens ist er dafür bekannt, dass er sanftmütig und umgänglich ist.

Kleinster Fisch

- Die Zwergfadenfischart lebt in den Torfsumpfwäldern Südostasiens und gilt als der kleinste Fisch der Welt. Ausgewachsene Weibchen sind 7,9 bis 10,3 Millimeter lang (0,31 bis 0,41 Zoll).

1.9 Erstaunliche Anpassungen

Nachahmung von Experten

- Der 1998 vor der Küste von Sulawesi, Indonesien, entdeckte Mimik-Oktopus ist der Meister der Nachahmung im Tierreich. Im Gegensatz zu anderen Nachahmern, die in der Regel nur einer Spezies ähneln, kann dieser bemerkenswerte Oktopus das Aussehen und Verhalten verschiedener Lebewesen imitieren, darunter Quallen, Krebse, Seeschlangen, Garnelen und Rotfeuerfische. Der Oktopus ahmt giftige Rotfeuerfische und Seeschlangen nach, um Fressfeinden zu entgehen.
- Die Spottdrossel ist wahrscheinlich der beste Nachahmer Nordamerikas, was den Klang angeht, denn sie kann bis zu 2.000 verschiedene Lieder singen. Sie gehört zur Familie der Mimidae und kann mühelos die Gesänge anderer Vögel imitieren, z. B. der Chuck-will's-widow, der Walddrossel und der Nordischen Specht.
- Wie die Spottdrosseln gehören auch die Spottdrosseln zur Familie der Mimidae, und sie sind vielseitige Vokalisten. Sie können eine breite Palette von Lauten erzeugen, die von Trillern und Zirpen bis hin zu Summen und einem unverwechselbaren "Kaugeräusch" reichen. Sie können bis zu 200 verschiedene Geräusche erlernen und imitieren, darunter auch die Rufe anderer Vögel wie der Phoebe und Möwen,

und sogar vom Menschen verursachte Geräusche wie Autoalarme und knarrende Tore nachahmen.

- Europäische Stare sind auch geschickte Imitatoren, die bis zu 20 verschiedene Vogelarten wie Wachteln und Hirsche nachahmen können. Sie können auch Geräusche von Motorrädern, Teekesseln, Autoalarmen und Telefonen und sogar die menschliche Sprache imitieren. Diese Vögel sind in Europa am weitesten verbreitet und für ihre Anpassungsfähigkeit und ihr manchmal aggressives Verhalten bekannt. Alle Stare in Nordamerika stammen von 100 Vögeln ab, die in den frühen 1890er Jahren im New Yorker Central Park ausgesetzt wurden.

Extreme Überlebende

- Obwohl sich viele Tiere an ihre Umgebung angepasst und hervorragende Überlebensfähigkeiten unter extremen Bedingungen entwickelt haben, ist keines mit den Bärtierchen vergleichbar. Bärtierchen, auch als Wasserbären bekannt, sind winzige Lebewesen (0,1-1,2 mm lang), die in verschiedenen feuchten Umgebungen wie Moos, Erde und Wasser leben. Sie können in einen Zustand des Scheintods eintreten, der Kryptobiose genannt wird und in dem sie auf nur 3 % ihres normalen Wassergehalts dehydrieren und ihren Stoffwechsel auf 0,01 % des normalen Niveaus reduzieren. In diesem Zustand, dem so genannten "Tun-Zustand", können sie extremen Bedingungen widerstehen, darunter einer Strahlung, die 1.000-mal stärker ist als die, die der Mensch ertragen kann, Temperaturen von nahe dem absoluten Nullpunkt (-459,67°F oder -273,15°C) bis zu 300°F (149°C), dem Vakuum des Weltraums und einem Druck, der sechsmal höher ist als der in den tiefsten Meeresgräben (15.750 Pfund pro Quadratzoll oder das 1.071-fache des atmosphärischen Drucks auf Meereshöhe). Sie sind die unzerstörbaren Überlebenden des Tierreichs.

- Im Vergleich dazu kann der Mensch zwar nicht unter solch extremen Bedingungen überleben, aber er kann dennoch eine bemerkenswerte Ausdauer zeigen. Wim Hof, bekannt als "The Iceman", ist ein niederländischer Ausdauersportler, der für seine außergewöhnliche Fähigkeit bekannt ist, extremer Kälte zu widerstehen. Er hat mehr als 20 Weltrekorde aufgestellt, darunter einen 26-Meilen-Marathon bei -20 °C (-4 °F) barfuß und in Shorts, und er stellte einen Guinness-Weltrekord auf, indem er 1 Stunde, 52 Minuten und 42 Sekunden lang in Eis getaucht blieb. Darüber hinaus bestieg er den Kilimandscharo innerhalb von 48 Stunden nur in Shorts und Schuhen und schwamm 57,5 Meter unter einem zugefrorenen See. Hofs Leistungen gehen über die Kälteresistenz hinaus, und er absolvierte einen Halbmarathon in der Namib-Wüste ohne Wasser zu trinken. Hofs Geheimnis liegt in der Wim-Hof-Methode, die kontrollierte Atemübungen, Meditation und mentale Konzentration nutzt, um die Stressreaktion des Körpers zu aktivieren. Durch diesen Prozess werden natürliche Schmerzmittel wie Opioide und Cannabinoide freigesetzt, die einen euphorischen Zustand herbeiführen, der Schmerzen und Kälteempfindungen reduziert. MRT-Studien bestätigen, dass sein Gehirn physiologische Systeme effektiv "hackt", um Beschwerden zu unterdrücken und die Ausdauer zu verbessern .[6]

Macht Beißer

- Salzwasserkrokodile sind die größten lebenden Reptilien, werden bis zu 20 Fuß lang und können 60 bis 75 Jahre alt werden. Sie haben die stärkste aufgezeichnete Bisskraft aller lebenden Tiere mit 3.689 Pfund pro Quadratzoll (psi), oder 16.414 Newton[7] . Dies entspricht dem Gewicht eines Kleinwagens. Sie können bis zu 18 Meilen pro Stunde schwimmen, dreimal schneller als der schnellste menschliche Schwimmer.

- Der Amerikanische Alligator (*Alligator mississippiensis*) ist im Südosten der Vereinigten Staaten beheimatet und kann eine gewaltige Bisskraft von 2.961 Pfund oder 13.172 Newton ausüben[8] . Seit 2006 hielt es den Rekord für die stärkste Bisskraft, bis es 2012 vom Salzwasserkrokodil überholt wurde. Trotzdem sind seine Kiefermuskeln relativ schwach, und ein Mensch könnte seine Kiefer mit einer Hand oder einem starken Gummiband geschlossen halten.

- Der Kurzflossen-Makohai (*Isurus oxyrinchus*) hat den stärksten jemals aufgezeichneten Haibiss mit einer Kraft von 3.000 Pfund bzw. 13.000 Newton. Die Messung stammt von einem Kurzflossen-Makohai in der Nähe von Neuseeland im Jahr 2020. Obwohl einige Studien darauf hindeuten, dass der Weiße Hai und sein ausgestorbener prähistorischer Verwandter, der Megalodon, einen noch kräftigeren Biss haben, werden diese Behauptungen nicht durch lebende Aufnahmen bestätigt. Der Kurzflossen-Makohai kann bis zu 12 Fuß lang werden und über 1.200 Pfund wiegen. Er ist außerdem einer der schnellsten Haie und kann Geschwindigkeiten von bis zu 45 Meilen pro Stunde erreichen.

- Das Nilpferd (*Hippopotamus amphibious*) hat eine Bisskraft von etwa 1.800 Pfund

(8.100 Newton), stärker als jedes andere Landtier. Das ist viel stärker als die Bisskraft eines Löwen von 1.000 Pfund (4.450 Newton), die Bisskraft eines Eisbären von 1.120 Pfund (5.000 Newton) und die Bisskraft eines Jaguars von 1.500 Pfund (6.500 Newton). Flusspferde können ihr Maul um 150° öffnen und haben scharfe dreieckige untere Eckzähne, die 30-50 cm lang sein können. Flusspferde sind Pflanzenfresser, können aber für Menschen gefährlich werden, wenn sie gestört werden.

Die Napper der Natur

- In freier Wildbahn halten Große Braune Fledermäuse (*Eptesicus fuscus*) einen Winterschlaf von 64 bis 66 Tagen, aber ein Exemplar in Gefangenschaft hielt 344 Tage lang Winterschlaf. Während des Winterschlafs sinkt ihre Herzfrequenz von 1.000 auf 4-62 Schläge pro Minute, und sie atmen möglicherweise nur einmal alle zwei Stunden. Ihre Körpertemperatur kann auf etwa 5 °C sinken, und ihr Stoffwechsel und Sauerstoffverbrauch sind stark reduziert. Nach dem Aufwachen aus dem Winterschlaf kann die Herzfrequenz jedoch in kurzer Zeit von 12 auf 800 Schläge pro Minute ansteigen.

- Arktische Erdhörnchen verbringen sieben bis acht Monate im Winterschlaf. Sie können in einen Zustand der Erstarrung eintreten und ihre Körpertemperatur von etwa 37°C (99°F) auf bis zu -3°C (27°F), also unter den Gefrierpunkt, absenken. Dies ist die niedrigste Körpertemperatur, die jemals bei einem überwinternden Säugetier gemessen wurde. Diese niedrige Temperatur ermöglicht es ihren Zellen zu überleben, wenn es an Blut und Sauerstoff mangelt.

Immer wach

- Schmetterlinge schlafen nicht wie wir Menschen, aber sie ruhen sich aus, und zwar in einem Verhalten, das man "Schlafen" nennt. Schmetterlinge können sich für eine einzige Nacht oder für die gesamte Wintersaison einquartieren. Das Schlafen in Gruppen hilft den Schmetterlingen, Energie zu sparen, und schützt sie vor Raubtieren. Schmetterlinge ruhen, wenn es kühl oder bewölkt ist, oder nachts. Da Schmetterlinge keine Augenlider haben, ruhen sie mit offenen Augen, meist versteckt in Blättern, Büschen oder Rinde. Sie können sich mit ihren Tarsen (Füßen) kopfüber an Blättern oder Zweigen aufhängen. Ihr Stoffwechsel verlangsamt sich erheblich, wenn sie ruhen.

- Der Schlaf von Delfinen unterscheidet sich von dem des Menschen und anderer Landsäugetiere. Sie erleben einen unihemisphärischen Slow-Wave-Schlaf (USWS), bei dem die Hälfte des Gehirns wach bleibt. Die aktive Hemisphäre überwacht die Atmung und die Umgebung und signalisiert, wann sie auftauchen müssen, um Luft zu holen, wobei ein Auge während des Schlafs offen bleibt. Delfine wechseln alle zwei Stunden die aktive Hemisphäre, so dass jede Hemisphäre innerhalb von 24 Stunden etwa vier Stunden Schlaf hat. Zum Schutz vor Raubtieren schlafen Delfine oft in Gruppen oder mit Artgenossen, die abwechselnd in der Nähe des anderen schlafen oder ruhen.

- Mauersegler halten den Weltrekord im Dauerflug: Sie bleiben bis zu 10 Monate im Jahr in der Luft, während Alpensegler bis zu sechs Monate ununterbrochen in der Luft bleiben. Mauersegler schlafen sogar auf den Flügeln, indem sie sich während des Fluges mit kurzen Ruhephasen abwechseln. Nachts steigen sie in Höhen von bis zu 2.000 Metern auf, um Raubtieren und Hindernissen auszuweichen, und gleiten dabei mit einer Geschwindigkeit von 12,4 Meilen pro Stunde (20 km/h). Ihr einzigartiges intermittierendes Flügelschlagmuster - vier Sekunden Aktivität, gefolgt von drei Sekunden Ruhe - ermöglicht es ihnen, Energie zu sparen und sicher zu navigieren, ohne zu landen.

- Anders als Tiere brauchen Menschen in der Regel mindestens sieben Stunden Schlaf, um wach zu bleiben und tagsüber gut zu funktionieren. Allerdings gibt es auch Ausnahmen. Daisuke Hori, ein 40-jähriger Mann aus Tokio, behauptet, er habe in den letzten 15 Jahren nur 30 Minuten pro Tag geschlafen. Diese minimale Schlafroutine, so sagt er, ermöglicht es ihm, einen sehr aktiven Lebensstil beizubehalten, bei dem er über 10 Stunden am Tag arbeitet, Sport treibt und zahlreichen Hobbys nachgeht. Er führt seine Fähigkeit, mit so wenig Schlaf auszukommen, auf jahrelanges Selbsttraining zurück und glaubt, dass es ihm außergewöhnliches Glück und Produktivität gebracht hat. Trotz seiner Behauptungen warnen Experten vor solch extremem Schlafentzug, da die meisten Menschen 7-9 Stunden Schlaf benötigen, um ihre Gesundheit und ihr Wohlbefinden zu erhalten.

- Ein weiterer bemerkenswerter Fall ist der von Paul Kern, einem Ungarn, der 1915 während des Ersten Weltkriegs verletzt wurde. Eine Kugel traf ihn am Kopf und blieb in seinem Frontallappen stecken. Nachdem er operiert worden war, wachte er auf und stellte fest, dass er nicht mehr schlafen konnte. Dieser Zustand hielt 40 Jahre lang an, bis zu seinem Tod im Jahr 1955. Obwohl er ohne Schlaf lebte, zeigte er keine größeren kognitiven Probleme, ein Phänomen, das die Wissenschaftler verblüffte. Theorien besagen, dass die Kugel die schlafregulierende Region seines Gehirns beschädigt haben könnte, oder dass er kurze, unbemerkte Nickerchen machte.

Giftige Legenden

- Der Binnentaipan ist dafür bekannt, dass er das giftigste Gift aller Schlangen und möglicherweise aller Tiere der Welt besitzt. Das Gift des Inland-Taipans ist eine Kombination aus Enzymen und anderen Faktoren, die Nervenenden lähmen, Muskelgewebe zerstören und schwere Blutungen verursachen können. Die LD50 des Inlandstaipans liegt bei 0,025 mg/kg, was bedeutet, dass ein einziger Biss fast 250.000 Mäuse oder über 100 erwachsene Menschen töten kann. Inland-Taipan-Schlangen kommen in abgelegenen Gebieten im südwestlichen Queensland und im nordwestlichen Südaustralien vor.

- Die australische Ohrenqualle (*Chironex fleckeri*) gilt als das giftigste Meerestier der Welt, und ihr Stachel kann tödlich sein. Jede Qualle hat etwa 60 Tentakel, die bis zu 3 Meter lang sind, und jeder Tentakel enthält Millionen von mit Gift gefüllten mikroskopischen Haken. Das Gift einer einzigen Ohrenqualle reicht aus, um mehr als 60 Menschen zu töten und kann innerhalb weniger Minuten zum Tod führen. Ihr Gift enthält bioaktive Proteine, die verschiedene Wirkungen hervorrufen können, darunter extreme Schmerzen, Gewebezerstörung, Lähmung, Herzstillstand und Tod.

Sturmjagd auf Vögel

- Der Wüstensturmvogel, ein kleiner Seevogel aus dem Nordatlantik, jagt nachweislich Wirbelstürmen hinterher. In einer Studie aus dem Jahr 2024 verfolgten Wissenschaftler 33 Sturmvögel mit GPS und stellten fest, dass fast ein Drittel von ihnen aktiv in Richtung Wirbelsturm flog, wenn sie etwa 900 Kilometer vom Auge des Sturms entfernt waren. Einige Vögel folgten dem Sog des Wirbelsturms tagelang und legten dabei Tausende von Kilometern zurück[9]. Die Wissenschaftler glauben, dass die Vögel den von Wind und Wellen erzeugten Niederfrequenz-Infraschall nutzen, um Wirbelstürme aus großer Entfernung zu erkennen. Der Grund dafür? Eine potenziell große Nahrungsbelohnung. Forscher entdeckten, dass Wirbelstürme kühleres Wasser aufwirbeln, was zu einer Zunahme des Phytoplanktons (frei schwimmende, mikroskopisch kleine Algen) führt. Das Phytoplankton lockt dann Fische und Kopffüßer an, die die Beute der Sturmvögel sind. Die Studie legt nahe, dass die Sturmvögel die durch Wirbelstürme geschaffene nahrungsreiche Umgebung nutzen, um sich zu ernähren.

- Gestreifte Sturmtaucher, Seevögel, die auf Inseln vor Japan nisten, zeigen ein überraschendes und einzigartiges Verhalten: Sie fliegen in das Auge eines Taifuns, um zu überleben. Forscher, die diese Vögel 11 Jahre lang mit GPS verfolgten, fanden heraus, dass einige gestreifte Sturmtaucher nicht wie andere Seevögel Stürme meiden, sondern sich auf das Zentrum des Zyklons zubewegen und stundenlang in der Nähe des Auges fliegen. Die Studie ergab, dass 13 von 75 verfolgten Sturmtauchern innerhalb von 60 Kilometern um das Auge flogen[10] . In diesem Bereich, der auch als "Augenhöhle" bezeichnet wird, herrschen die stärksten Winde, die manchmal 75 Stundenkilometer erreichen. Die Vögel blieben bis zu acht Stunden lang in diesem Gebiet und verfolgten die Bewegung des Sturms. Dieses bisher bei keiner anderen Vogelart beobachtete Verhalten hilft den Sturmtauchern zu vermeiden, ins Landesinnere geweht zu werden, wo sie abstürzen oder von Trümmern getroffen werden könnten. Die Vögel wendeten diese Strategie eher bei stärkeren Stürmen an, um nicht auf gefährliche Landmassen zuzusteuern. Die Wissenschaftler glauben, dass solche Flugtaktiken bei Vögeln weiter verbreitet sein könnten als bisher angenommen.

Anmerkungen

1. *Bear Series, Part One: A Bear's Sense of Smell - Yosemite National Park (U.S. National Park Service).* (n.d.). https://www.nps.gov/yose/blogs/bear-series-part-one-a-bears-sense-of-smell.htm

2. Niimura, Y., Matsui, A., & Touhara, K. (2014). Extreme expansion of the olfactory receptor gene repertoire in African elephants and evolutionary dynamics of orthologous gene groups in 13 placental mammals. *Genome Research, 24*(9), 1485–1496. https://doi.org/10.1101/gr.169532.113

3. Chrisler, T. S., & Quine, D. B. (1980). *Can pigeons "Hear" their way home?* https://watchbird-ojs-tamu.tdl.org/watchbird/index.php/watchbird/article/view/1938

4. Fields, H. (2013). ScienceShot: Wax moth has most sensitive ears in insect world. *Science.* https://doi.org/10.1126/article.26109

5. Nielsen, J., Hedeholm, R. B., Heinemeier, J., Bushnell, P. G., Christiansen, J. S.,

Olsen, J., Ramsey, C. B., Brill, R. W., Simon, M., Steffensen, K. F., & Steffensen, J. F. (2016). Eye lens radiocarbon reveals centuries of longevity in the Greenland shark (Somniosus microcephalus). *Science*, *353*(6300), 702–704. https://doi.org/10.1126/science.aaf1703

6. Learn, J. R. (2018, May 21). Science explains how the Iceman resists extreme cold. *Smithsonian Magazine*. https://www.smithsonianmag.com/science-nature/science-explains-how-iceman-resists-extreme-cold-180969134/

7. Erickson, G. M., Gignac, P. M., Steppan, S. J., Lappin, A. K., Vliet, K. A., Brueggen, J. D., Inouye, B. D., Kledzik, D., & Webb, G. J. W. (2012). Insights into the Ecology and Evolutionary Success of Crocodilians Revealed through Bite-Force and Tooth-Pressure Experimentation. *PLoS ONE*, *7*(3), e31781. https://doi.org/10.1371/journal.pone.0031781

8. Erickson, G. M., Lappin, A. K., Parker, T., & Vliet, K. A. (2003). Comparison of bite-force performance between long-term captive and wild American alligators (*Alligator mississippiensis*). *Journal of Zoology*, *262*(1), 21–28. https://doi.org/10.1017/s0952836903004400

9. Polidoro, J. (2024, August 6). Why a small seabird dares to fly toward cyclones. *Science News*. https://www.sciencenews.org/article/seabird-fly-toward-cyclones-prey

10. Kreier, F. (2022, October 17). Some seabirds survive typhoons by flying into them. *Science News*. https://www.sciencenews.org/article/seabirds-typhoons-shearwaters-survival

Chapter 2

Außergewöhnliche Pflanzen

2.1 Die größten Anlagen

- Wissenschaftler entdeckten im Jahr 2022 die größte Pflanze der Welt, ein Seegras namens *Posidonia australis* in der Shark Bay in Australien[1] . Die Pflanze erstreckt sich über 112 Meilen (180 Kilometer), eine Fläche größer als Washington, DC, und ist schätzungsweise mindestens 4.500 Jahre alt. Die Größe der Pflanze ist auf ihre Fähigkeit zurückzuführen, sich selbst zu klonen und genetisch identische Ableger zu bilden. Dieser Prozess, der als polyploide Klonalität bezeichnet wird, ermöglicht es Organismen, ihre Vorgänger zu verdrängen und neue Lebensräume zu besetzen.

- Pando (*Populus tremuloides*), eine klonale Kolonie von Zitterpappelbäumen im Fishlake National Forest in Utah, gilt als der größte lebende Organismus nach Masse. Sie wiegt schätzungsweise 13,2 Millionen Pfund (etwa 6.000 Tonnen) und besteht aus 47.000 genetisch identischen Stämmen, die sich über eine Fläche von 106 Acres (etwa 80 amerikanische Fußballfelder) erstrecken. Pando ist drei- bis fünfmal so schwer wie die größten bekannten Mammutbäume und ungefähr so schwer wie 35 Blauwale oder 1.000 Elefanten. Alle Stämme teilen sich ein 80.000 Jahre altes Wurzelsystem. Pando vermehrt sich ungeschlechtlich durch Selbstreplikation.

- Der General Sherman Tree (*Sequoiadendron giganteum*) im Sequoia National Park's Giant Forest ist der volumenmäßig größte Baum der Welt. Er ist 84 m (275

Fuß) hoch und hat einen 30 m (100 Fuß) breiten Stamm. Er wiegt schätzungsweise 2,7 Millionen Pfund (1.225 Tonnen) und ist etwa 2.100 Jahre alt.

- *Die Rafflesia arnoldii*, die auch als Leichenblume bekannt ist, ist die größte Einzelblume der Welt. Sie kann bis zu einem Meter groß werden und bis zu 15 Pfund wiegen. Sie verströmt einen üblen Geruch, der nach verfaulendem Fleisch riecht. Die Blume ist in den Regenwäldern Südostasiens heimisch, unter anderem in Indonesien, Malaysia, Thailand und auf den Philippinen. Sie ist eine parasitische Pflanze, die sich an eine Wirtsrebe anheftet, um Wasser und Nährstoffe zu erhalten. Die Leichenblume ist eine seltene, gefährdete Pflanze, die fast nie in botanischen Gärten kultiviert wird.

2.2 Die kleinsten Pflanzen

- Das Wassermehl ist die kleinste blühende Pflanze der Welt und misst nur 0,004-0,008 Zoll (0,1-0,2 mm) im Durchmesser. Es gehört zur Gattung Wolffia, einer Art von Wasserlinsen. Diese hellgrüne, ovale Pflanze wächst in Matten auf der Oberfläche von ruhigen Süßwasserkörpern wie Teichen, Seen und Sümpfen. Wassermehl ist reich an Proteinen und stellt eine hervorragende Nahrungsquelle für Wasservögel und Fische dar. Er wird sogar in der thailändischen Küche verwendet.

- Die Zwergweide (*Salix herbacea*), die auch als Schneebeetweide oder Kleinstweide bezeichnet wird, gilt oft als der kleinste Baum der Welt. Sie wird nur 1-6 cm (0,4-2,4 Zoll) hoch. Diese winzige, bodenbedeckende Weide gehört zur Familie der Salicaceae und ist gut an das Überleben in der arktischen und subarktischen Tundra angepasst. Die Zwergweide hat sowohl männliche als auch weibliche Kätzchen, allerdings auf getrennten Pflanzen. Die weiblichen Kätzchen sind rot, während die männlichen Kätzchen gelb sind. Manche halten die Zwergweide jedoch eher für einen verholzenden Strauch als für einen Baum, so dass der Titel "kleinster Baum" umstritten ist.

2.3 Die ältesten Pflanzen

- Mit einem geschätzten Alter von rund 80.000 Jahren ist die Pando-Zitterpappel-Kolonie nicht nur eine der größten Pflanzen der Erde, sondern auch die älteste bisher entdeckte lebende Pflanze.

- Das Alter der King's holly (*Lomatia tasmanica*) wird auf mindestens 43.000 Jahre geschätzt. Sie wurde 1937 von dem tasmanischen Forscher Denny King entdeckt und befindet sich vermutlich irgendwo in der Wildnis Südtasmaniens. Die Kingsche Stechpalme vermehrt sich nur vegetativ, d. h. eine neue Pflanze wächst, wenn ein Zweig abfällt und eigene Wurzeln entwickelt.

- Methuselah, eine Borstenkiefer aus dem Great Basin in den White Mountains in Kalifornien, ist im August 2024 schätzungsweise 4.856 Jahre alt[2] . Er ist der älteste bekannte lebende nicht klonale Baum der Welt. Das Alter des Baumes wurde durch Zählen der Ringe in Bohrkernen bestimmt, die 1957 an seiner Basis entnommen wurden. Um ihn vor Vandalismus zu schützen, hält der U.S. Forest Service den genauen Standort des Baumes geheim. Der Baum ist nach dem biblischen Patriarchen Methusalem benannt, der 969 Jahre alt geworden sein soll.

2.4 Die giftigsten Pflanzen

Die tödlichste Bohne

- Die Rizinusbohne ist ein in Afrika beheimateter Strauch, der wohl die giftigste Pflanze der Welt ist. Rizinusbohnen enthalten Rizin, ein Gift, das schätzungsweise 6.000-mal giftiger ist als Zyanid und 12.000-mal giftiger als Klapperschlangengift. Eine Rizinusbohne kann für ein Kind tödlich sein, während drei oder mehr für einen Erwachsenen tödlich sein können. Zu den Symptomen einer Rizin-Vergiftung gehören Erbrechen, starke Bauchschmerzen, Durchfall und Krämpfe. Hitze (176°F oder 80°C) inaktiviert das Toxin.

- Die Jequirity-Bohne ist der Samen der Rosenkranzerbse, einer giftigen, immergrünen Rebe, die in Indien und anderen tropischen und subtropischen Gebieten der Welt heimisch ist. Ihren Namen hat sie von ihrem rosenkranzähnlichen Aussehen. Jequirity-Bohnen sind extrem giftig, da sie Abrin enthalten, ein Toxin, das bis zu 75-mal stärker ist als Ricin, das Gift der Rizinusbohne. Abrin hemmt die Proteinsynthese in den Zellen und führt zum Zelltod. Vergiftungen durch Jequirity-Bohnen sind jedoch selten, da die Samen eine harte Schale haben, die verhindert, dass das Toxin im Darm verdaut wird.

Der tödlichste Baum

- Der Manchineelbaum (*Hippomane mancinella*) gilt als der giftigste Baum der Welt. Seine apfelähnlichen Früchte sind der Grund für seinen spanischen Namen, *manzanilla de la muerte*, was "kleiner Apfel des Todes" bedeutet. Alle Teile des Baums sind giftig, einschließlich des Safts, der Rinde und der Früchte. Der Kontakt mit dem Saft des Baumes kann schwere Blasen verursachen, und der Kontakt mit dem Saft kann zur Erblindung führen. Selbst wenn man sich während eines Regenschauers unter den Baum stellt, kann es zu Blasenbildung kommen, wenn die Regentropfen Saft enthalten. Der Verzehr der Früchte kann zu Qualen und möglicherweise zum Tod führen. Der Manchineelbaum ist in der Karibik, in Florida und im nördlichen Südamerika heimisch.

Der tödlichste Pilz (der eigentlich keine Pflanze ist)

- Der Totenkopfpilz (*Amanita phalloides*) ist der tödlichste Pilz der Welt und für 90 % der Todesfälle durch Pilze verantwortlich. Dieser mittelgroße bis große Pilz hat einen grünlich-grauen Hut, weiße Kiemen, einen weißen Ring um den Stiel und einen großen, weißen Sack an der Basis des Stiels. Er stammt aus Eurasien und wurde in den 1930er Jahren versehentlich nach Nordamerika eingeführt. Heute ist er in städtischen Gebieten zu finden und besiedelt langsam die Westküste. Der Pilz enthält Amatoxine, die lebensbedrohliche Leber- und Nierenschäden verursachen. Ein einziger Pilz kann genug Gift enthalten, um einen durchschnittlichen Erwachsenen zu töten. Zu den Symptomen einer Täublingsvergiftung gehören niedriger Blutdruck, Übelkeit und Erbrechen. Berühren Sie diesen Pilz niemals, wenn Sie ihn in der freien Natur finden!

Die tödlichste Pflanze in Europa und Nordamerika

- Die Wolfsmilch, auch bekannt als Eisenhut, ist eine der giftigsten Pflanzen in Europa. Sie enthält ein Nervengift namens Aconitin, das über die Haut aufgenommen werden kann und bei Kontakt zu Vergiftungen führt. Bereits 2 Milligramm Aconitin oder 1 Gramm der Pflanze können zum Tod durch Atemlähmung oder Herzversagen führen. In der Antike verwendeten die Menschen die Pflanze auf Pfeilspitzen und als Köder, um Wölfe zu töten (daher der Name). Er ist in West- und Mitteleuropa beheimatet, aber es gibt etwa 100 Arten von Eisenhut, von denen fünf in Nordamerika heimisch sind.

- Der Wasserschierling gilt als die giftigste Pflanze Nordamerikas. Er enthält ein

Toxin namens Cicutoxin, das innerhalb von 60 Minuten nach der Einnahme Magen-Darm-Symptome wie Übelkeit, Erbrechen und Bauchschmerzen hervorruft. Das Toxin wirkt auch direkt auf das zentrale Nervensystem und verursacht Krampfanfälle und andere Symptome. Die Wurzel der Pflanze enthält die höchste Konzentration des Giftes, und schon ein einziger Biss kann tödlich sein. Der Wasserschierling wächst an feuchten, sumpfigen Orten und wird oft mit wilden Pastinaken oder Sellerie verwechselt.

Die tödlichste Versuchung

- Die Tollkirsche enthält Verbindungen namens Atropin und Solanin, die bei Verschlucken tödlich sein können. Die Beeren der Tollkirsche ähneln Blaubeeren, so dass sie leicht versehentlich verschluckt werden können. Die Beeren der Pflanze sind besonders gefährlich, weil sie zwar süß schmecken, aber tödlich sind. Die Tollkirsche hat eine lange Geschichte der Verwendung und des Missbrauchs, unter anderem als Gift und in Kosmetika. Der Name der Pflanze leitet sich vom italienischen Wort für "schöne Frau" ab, weil Frauen den Saft der Pflanze auf ihre Augen auftrugen, um ihre Pupillen zu erweitern. Berichten zufolge können bereits zwei Beeren ein Kind und 10-15 einen Erwachsenen töten.

2.5 Die widerstandsfähigsten Pflanzen

- Die Welwitschia mirabilis, auch bekannt als Welwitschia, ist eine einzigartige Pflanze, die seit Tausenden von Jahren in der rauen Namib-Wüste überlebt hat. Einzelne Welwitschia-Pflanzen werden auf ein Alter von 1.500 bis 2.000 Jahren geschätzt. Sie gilt als "lebendes Fossil" und man nimmt an, dass sie sich etwa zur gleichen Zeit wie die Dinosaurier entwickelt hat. Die tiefe Pfahlwurzel der Welwitschia, die bis zu 1,5 Meter lang sein kann, hilft ihr, in der trockenen Wüste zu überleben, indem sie Wasser aus Meeresnebel und tiefem Grundwasser aufnimmt.

- Auferstehungspflanzen (*Selaginella lepidophylla*), die in der Chihuahuan-Wüste in den Vereinigten Staaten und Mexiko vorkommen, sind bemerkenswert widerstandsfähig. Sie können fast ihr gesamtes Wasser verlieren und über Jahre hinweg austrocknen. Mit ein wenig Wasser können sie jedoch innerhalb von 48 Stunden wieder aufleben. Auferstehungspflanzen sammeln große Mengen an Saccharose und Trehalose (zwei Zuckerarten) in ihrem Gewebe an, die Enzyme und Zellstrukturen in Abwesenheit von Wasser stabilisieren und Schäden durch Salze verhindern.

2.6 Die schnellstwachsenden Pflanzen

- Bambus ist die am schnellsten wachsende Pflanze der Welt und kann pro Tag bis zu 0,9 Meter (2,91 Fuß) oder 38 Millimeter (1,5 Zoll) pro Stunde wachsen. Das entspricht etwa der Größe einer Büroklammer, die der Bambus pro Stunde in die Höhe schießt! Bambus wächst im Frühjahr nur etwa 60 Tage lang sichtbar über der Erde. Danach hören die Halme auf zu wachsen, und die Pflanze konzentriert ihre Energie auf ihre Wurzeln. Bambus wächst vor allem wegen seiner hohlen Stängel und der schnellen Ausdehnung seiner Zellen nach der Wasseraufnahme schnell.
- Obwohl er keine Pflanze ist, ist Riesentang (*Macrocystis pyrifera*) eine extrem große Braunalge und eine der am schnellsten wachsenden Arten im Meer. Sie wächst im Durchschnitt 28 cm pro Tag, kann aber unter idealen Bedingungen bis zu 61 cm pro Tag erreichen. In etwas mehr als einem Jahr kann er eine Länge von über 30 Metern erreichen. Riesentang gedeiht in turbulentem Wasser, das ihm Nährstoffe für sein Wachstum liefert.

2.7 Die farbenprächtigsten Pflanzen

Der farbenprächtigste Baum

- Der Regenbogen-Eukalyptusbaum ist für seine auffälligen Farben und Muster bekannt und gilt als der bunteste Baum der Welt. Die Rinde des Baumes ist von Natur aus braun, schält sich aber in Streifen ab und enthüllt eine leuchtend grüne Innenrinde. Wenn die grüne Rinde der Luft ausgesetzt ist, verändert sie mit der Zeit ihre Farbe und nimmt Schattierungen von Violett, Blau, Orange, Rot und Gelb an. Der Baum schält seine Rinde im Laufe des Jahres zu verschiedenen Zeiten ab, wobei jedes Mal neue Farben und Muster zum Vorschein kommen. Aus diesem Grund haben keine zwei Regenbogen-Eukalyptusbäume das gleiche Muster. Der Regenbogen-Eukalyptus kann bis zu 75 Meter hoch werden. Ursprünglich wurde er 1929 nach Hawaii gebracht und ist an verschiedenen Standorten auf den Inseln zu finden.

Die farbenprächtigsten Blumen

- Paradiesvogelblumen (*Strelitzia reginae*) sind für ihre leuchtenden Farben und ihr auffälliges Aussehen bekannt. Sie weisen eine Reihe von Farben auf, darunter Orange, Rot, Blau und Gelb. Die Blüten haben verschlungene Muster und ähneln einem tropischen Sonnenuntergang. Auffallend ist auch ihre Form mit Blütenblättern, die sich wie Flügel auffächern, und einer schnabelartigen Struktur. Paradiesvogelblumen sind in Südafrika beheimatet. Sie sind eine beliebte Zimmerpflanze und weniger kälteempfindlich als andere tropische Blumen.

- Der blaue Lotus, auch bekannt als die heilige blaue Lilie des Nils, ist eine tropische Wasserlilie mit sternförmigen Blüten, die tagsüber blühen. Die Blüten können bis zu 102-152 Millimeter groß werden und haben aufrechte, spitze Blütenblätter, die sich flach auf der Wasseroberfläche ausbreiten. Die blaue Lotusblume ist für ihre auffällige Farbe bekannt, ein leuchtendes Himmelblau mit violetten Nuancen. Die spitzen Spitzen der Blütenblätter sind himmelblau und gehen zur Mitte hin in Weiß über, was ein leuchtendes Aussehen erzeugt. Im alten Ägypten wurde die blaue Lotusblume mit der Wiedergeburt und dem Sonnengott Ra in Verbindung gebracht.

2.8 Die ungewöhnlichsten Anpassungen

- Ein tödlicher Fang. Die Venusfliegenfalle ist eine fleischfressende Pflanze mit einem der schnellsten Fangmechanismen des Pflanzenreichs. Sie lockt ihre Beute mit einem fruchtigen Duft und der rötlichen Auskleidung ihrer Blätter, die mit winzigen, berührungsempfindlichen Haaren, den Trichomen, versehen sind. Wenn ein Insekt die Haare berührt, klappen die Blätter der Pflanze in weniger als einer Sekunde zu und fangen die Beute im Inneren ein. Die Pflanze sondert dann Enzyme ab, die den Körper der Beute auflösen und Nährstoffe liefern. Die Falle öffnet sich nach etwa 10 Tagen wieder, um auf die nächste Mahlzeit zu warten.

- Steinartige Pflanzen. Lithops sind kleine, sukkulente Pflanzen, die in den Wüsten des südlichen Afrikas heimisch sind. Sie haben ein Paar dicke Blätter entwickelt, die bunten Kieselsteinen ähneln. Die Pflanze hat einen kurzen Stiel, und ihre Blüten entspringen einer Spalte an der Spitze der Blätter. Ihr Aussehen schützt sie wirksam davor, von Tieren gefressen zu werden, und Lithops sind selbst für ein geschultes Auge sehr schwer zu erkennen. Lithops kann bis zu 40 oder 50 Jahre alt werden.

- Baum des Lebens. Der Baobab-Baum ist eine afrikanische Sukkulente, die während der Regenzeit über 1.000 Gallonen Wasser in ihrem dicken Stamm speichern kann, was ihm sein ikonisches Aussehen verleiht. Die Rinde und die Früchte des Baumes haben über 300 lebenserhaltende Anwendungen. So sind zum Beispiel die eisenhaltigen Blätter essbar. Die Früchte sind ein Superfood mit sechsmal mehr Vitamin C als Orangen. Der Fruchtsaft kann als Medizin verwendet werden, um den Magen eines Kindes zu beruhigen. Aus den Samen lassen sich Öle herstellen. Die Rinde kann zu Seilen und Kleidung verarbeitet werden. Darüber hinaus ist der Baum die Wurzel vieler indigener Heilmittel, Traditionen und Folklore. Es ist bekannt, dass der Affenbrotbaum sowohl Dürre als auch Feuer übersteht, und der älteste Affenbrotbaum ist mehr als 2.500 Jahre alt.

- Schmerzhafte Stiche. Die Brennnessel ist eine in der westlichen Kräutermedizin häufig verwendete Pflanze. Ihre Blätter und Stängel sind mit winzigen, hohlen, etwa 1 Millimeter langen Haaren versehen. Wenn die Härchen die Haut berühren, brechen ihre Spitzen ab und injizieren Chemikalien wie Histamin, Acetylcholin, Serotonin und Ameisensäure in die Haut. Diese Chemikalien verursachen eine sofortige schmerzhafte Hautreaktion, die sich durch Brennen, Jucken oder Kribbeln äußern kann. Die Haut kann sich auch röten und einen nicht ausbreitenden Ausschlag entwickeln. Seltsamerweise kann die Brennnessel die Schmerzen in schmerzhaften Körperregionen lindern. Wissenschaftler glauben, dass dies darauf zurückzuführen ist, dass sie entzündungsfördernde Chemikalien im Körper reduziert und die Übertragung von Schmerzsignalen stört.

- Berühre mich nicht. Die empfindliche Pflanze, die auch als *Mimosa pudica* bekannt ist, reagiert auf Körperkontakt und Dunkelheit mit schnellen Bewegungen und Veränderungen der Blattausrichtung. Wenn sie berührt oder geschüttelt wird, klappen die Blätter der Pflanze nach innen und die Zweige hängen herunter - eine Reaktion, die als Thigmonastie bekannt ist. Man nimmt an, dass diese Bewegung ein Abwehrmechanismus ist, der Pflanzenfresser aufschreckt. Nach einigen Minuten öffnen sich die Blätter wieder. Dass die Pflanze so schnell auf Berührung reagiert, liegt an spezialisierten Zellen an der Basis der Blätter und Blattstiele, die schnell Wasser abgeben.

- Der Baum, der geht. Es gibt ein Gerücht, dass die Wanderpalme, auch bekannt als *Socratea exorrhiza*, bis zu 20 Meter im Jahr wandern kann[3] . Der Prozess umfasst drei Schritte: Bodenerosion, die es dem Baum ermöglicht, neue Wurzeln in Richtung Sonne zu treiben; Wurzelsetzung, bei der sich die neuen Wurzeln im neuen Boden ansiedeln und der Baum sich zu ihnen hin neigt; und die Beseitigung alter Wurzeln, bei der sich die alten Wurzeln auflösen und der Baum seinen Schwerpunkt in Richtung des neuen Wurzelsystems verlagert. Einige Wissenschaftler bezweifeln jedoch, dass die Wanderpalme tatsächlich wandert. Genauere Studien werden dazu beitragen, die Gehfähigkeit des Baumes im mittel- und südamerikanischen Dschungel zu ermitteln.

2.9 Erstaunliche Kulturpflanzen

- Tödlich scharf. Ab Oktober 2023 ist die schärfste Paprika der Welt Pepper X, die durchschnittlich 2,69 Millionen Scoville Heat Units (SHU) misst. Das ist etwa 1.000 Mal schärfer als eine durchschnittliche Jalapeño-Paprika. Der frühere Rekordhalter war der Carolina Reaper mit einem Durchschnitt von 1,64 Millionen SHU. Beide Pfeffersorten wurden von Ed Currie durch Kreuzung entwickelt. Der Verzehr einer Pepper X kann Sodbrennen und schwere Bauchkrämpfe verursachen, und selbst die Berührung kann zu brennenden Schmerzen auf der Haut führen. Zum Vergleich: Ein Jalapeño-Pfeffer enthält zwischen 2.500 und 5.000 SHU, ein Thai-Pfeffer zwischen 50.000 und 100.000 SHU.

- Die Zuckerkönigin. Die Mango gilt als die süßeste Frucht der Welt: Eine Mango (etwa 220 Gramm) enthält satte 45 Gramm Zucker. Die Carabao-Mango und die Manila-Mango von den Philippinen sowie die Super-Mangos aus Ägypten gehören zu den süßesten Sorten. Diese Süße ist auf den hohen Fruchtzuckergehalt der Mango zurückzuführen. Eine Tasse Weintrauben (150 Gramm) enthält 23 Gramm Zucker, eine Tasse Kirschen (140-150 Gramm) 18 Gramm. Achten Sie also bei der nächsten Auswahl eines Snacks auf den Zuckergehalt!

- Sagenhaft fett. Avocados sind die Frucht mit dem höchsten Fettgehalt, denn etwa 80 % ihrer Kalorien stammen aus Fett. Eine mittelgroße Avocado enthält in der Regel etwa 22 bis 23 Gramm Fett, was ungefähr 250 Kalorien entspricht. Das Fett in Avocados ist größtenteils einfach ungesättigt, was dazu beiträgt, den LDL-Cholesterinspiegel (schlechtes Cholesterin) zu senken und das Risiko von Herzerkrankungen und Schlaganfällen zu verringern. Avocados sind außerdem reich an Ballaststoffen und enthalten viele Vitamine und Mineralstoffe.

- Titan der Felder. Das schwerste jemals aufgezeichnete Gemüse (Stand: Oktober 2023) ist ein 2.749 Pfund (1.246,9 kg) schwerer Kürbis, der von Travis Gienger in den USA angebaut wurde[4] . Er wurde beim 50. Safeway World Championship Pumpkin Weigh-Off in Half Moon Bay, Kalifornien, am 9. Oktober 2023 präsentiert. Gienger nannte den Kürbis "Michael Jordan" in Anspielung auf den legendären Basketballspieler. Dieser Kürbis schlug den bisherigen Rekord von 2.702 Pfund (1.226 kg), der 2021 von Stefano Cutrupi in Italien aufgestellt wurde. Gienger, ein Gartenbaudozent, ist bekannt dafür, riesige Kürbisse zu züchten, darunter einen 2.560 Pfund schweren Kürbis aus dem Jahr 2022, der zu einer Kürbislaterne mit Adlermotiv geschnitzt wurde.

- Ohne kann man nicht leben. Reis ist eine der wichtigsten Kulturpflanzen der Welt und ernährt mehr Menschen als jedes andere Grundnahrungsmittel. Er ist das Hauptnahrungsmittel für über 3,5 Milliarden Menschen, vor allem in Asien, Lateinamerika und Teilen Afrikas - mehr als die Hälfte der Weltbevölkerung. Der Reisanbau begann im alten Indien oder Südostasien, und heute sind China, Indien und Indonesien weltweit führend in der Reisproduktion. Dieses vielseitige Getreide liefert über 20 % aller Kalorien, die der Mensch zu sich nimmt.

- Die älteste Kulturpflanze. Taro gilt als die älteste Kulturpflanze der Welt. Laut einer im Jahr 2023 veröffentlichten Studie wird Taro auf den Salomonen bereits seit fast 28.000 Jahren angebaut, weit älter als die Linsen mit 13.000 Jahren[5] . Taro stammt ursprünglich aus Südostasien und verbreitete sich später in anderen Teilen der Welt, darunter Japan, die Pazifischen Inseln und Afrika. Sie ist ein Grundnahrungsmittel im Pazifik, in Asien, Westafrika und Amerika und ernährt weltweit über 500 Millionen Menschen.

Anmerkungen

1. *The world's largest plant is an Australian seagrass clone*. (2022, June 1). Natural History Museum. https://www.nhm.ac.uk/discover/news/2022/june/worlds-largest-plant-australian-seagrass-clone.html

2. *Methuselah, a Bristlecone Pine is Thought to be the Oldest Living Organism on Earth*. (2011, April 21). USDA. https://www.usda.gov/media/blog/2011/04/21/methuselah-bristlecone-pine-thought-be-oldest-living-organism-earth

3. Gruber, K. (2022, February 25). *Trees that can walk up to 20m per year*. https://www.bbc.com/travel/article/20151207-ecuadors-mysterious-walking-trees

4. *Heaviest pumpkin*. (2023, October 12). Guinness World Records. https://www.guinnessworldrecords.com/world-records/heaviest-pumpkin

5. Ferdaus, M. J., Chukwu-Munsen, E., Foguel, A., & Da Silva, R. C. (2023). Taro roots: an underexploited root crop. *Nutrients*, *15*(15), 3337. https://doi.org/10.3390/nu15153337

Chapter 3

Extreme Naturphänomene

3.1 Die schnellsten Winde

- Die schnellste Windgeschwindigkeit, die jemals von einem Anemometer gemessen wurde, betrug 408 km/h (253 Meilen pro Stunde) und wurde am 10. April 1996 auf Barrow Island, Australien, während des tropischen Wirbelsturms Olivia gemessen. Die Böe wurde durch eine kleinräumige Zirkulation innerhalb der Augenwand von Olivia, einen so genannten Mesowirbel, erzeugt. Die schnellste Windgeschwindigkeit, die jemals an einer mit Personal besetzten Wetterstation gemessen wurde, war jedoch 231 mph (372 km/h), gemessen am Mount Washington Observatory in New Hampshire am 12. April 1934. Der Mount Washington hält auch den Rekord für die höchste Windgeschwindigkeit in der nördlichen und westlichen Hemisphäre.

- Der stärkste Tornado. Der Bridge Creek-Moore-Tornado von 1999 war ein F5-Tornado mit einer rekordverdächtigen Windgeschwindigkeit von 321 Meilen pro Stunde (517 km/h). Er war einer von 58 Tornados, die am 3. Mai 1999 in Oklahoma City wüteten, und war der zerstörerischste des Ausbruchs. Es war der erste F5-Tornado, der den Großraum Oklahoma City traf. Der Tornado bewegte sich fast anderthalb Stunden lang auf einer Strecke von 38 Meilen, tötete mindestens 36 Menschen und verletzte 583 weitere. Er verursachte Schäden in Höhe von 1 Milliarde Dollar, was heute etwa 1,8 Milliarden Dollar entspricht.

3.2 Die windigsten Orte

- Die Commonwealth Bay in der Antarktis ist dafür bekannt, der windigste Ort der Erde zu sein. Sie ist bekannt für ihre katabatischen Winde, die durch kalte Luft verursacht werden, die vom antarktischen Eisschild herabströmt. Bei einer durchschnittlichen jährlichen Windgeschwindigkeit von 50 mph erreichen die Böen in der Bucht Geschwindigkeiten von über 150 mph und können tagelang anhalten. Die Halbmondform der Bucht lenkt die Luftströme in Trichter und zwingt sie, sich schneller zu bewegen. Das Fehlen von Landmassen, die den Wind abbremsen könnten, trägt dazu bei, dass die Antarktis einer der windigsten Orte der Erde ist. Die Commonwealth Bay ist auch als Basis für die Australasiatische Antarktis-Expedition bekannt.

- Wellington, Neuseeland, gilt als die windigste Stadt der Welt. Der Wind ist nicht außergewöhnlich stark, im Durchschnitt 22,7 mph (36,5 kph) das ganze Jahr über, aber an 173 Tagen im Jahr treten Böen von über 37 mph (60 kph) auf. Die stärkste Böe, die jemals in Wellington gemessen wurde, erreichte auf dem Mount Kaukau 125 mph (201 km/h). Die Lage Wellingtons an der Cookstraße zwischen dem Pazifischen Ozean und der Südinsel Neuseelands macht die Stadt anfällig für starke Winde. Die Cookstraße wirkt wie ein Windkanal, der die Meeresbrisen in die Stadt leitet. Wellington trägt den Spitznamen "Windy Wellington", und an der Uferpromenade steht eine Statue mit dem Titel "Solace in the Wind", die eine Person darstellt, die sich in die Brise lehnt. Aufgrund der starken Winde nutzt Wellington diese natürliche Ressource zur Erzeugung sauberer Energie.

3.3 Die stärksten Regenfälle

- Das Dorf Mawsynram im indischen Bundesstaat Meghalaya ist mit einer durchschnittlichen jährlichen Niederschlagsmenge von 11.872 mm (467,4 Zoll) der feuchteste Ort der Erde. Diese schwindelerregende Menge ist zehnmal so hoch wie der indische Landesdurchschnitt von 1.083 mm (42,6 Inch). Im Jahr 1985 erhielt Mawsynram einen Platz im Guinness-Buch der Rekorde für die höchste jemals dokumentierte jährliche Niederschlagsmenge: zwischen 1860 und 1861 fielen sage und schreibe 26.471 mm (1.042,2 Inches). Mawsynram liegt in den Khasi Hills und verdankt seine außergewöhnlichen Niederschläge der warmen, feuchten Luft, die während der Monsunzeit aus dem Golf von Bengalen heranweht. Im Vergleich dazu fallen in Cardiff, der regenreichsten Stadt des Vereinigten Königreichs, durchschnittlich nur 1 152 mm Regen pro Jahr.

- In Kolumbien verzeichneten López de Micay und Lloró geschätzte jährliche Niederschlagssummen von 507,6 Zoll (12.892,4 mm) bzw. 500,7 Zoll (12.717 mm). Diese Zahlen sind jedoch aufgrund von Lücken in den verfügbaren Aufzeichnungen nicht allgemein anerkannt.

3.4 Die stärksten Schneefälle

- Sukayu Onsen, was "saure heiße Quelle" bedeutet, ist einer der schneereichsten bewohnten Orte der Welt. Er befindet sich in der Stadt Aomori im nördlichen Teil der japanischen Hauptinsel Honshu. Jährlich fallen hier durchschnittlich 17,6 Meter Schnee - die höchste Schneehöhe, die eine offizielle Station weltweit verzeichnet. Der Rekordschneefall im Winter liegt bei 23,7 Metern (78 Fuß). Am 26. Februar 2013 wurde in Sukayu Onsen eine Schneehöhe von 5,66 m (18,57 Fuß) gemessen, die höchste Schneehöhe, die jemals an einer von der JMA zertifizierten Wetterstation gemessen wurde. Trotz der starken Schneefälle ist Sukayu Onsen das ganze Jahr über auf der Straße erreichbar und für seine großen öffentlichen heißen Quellen und die Nähe zum Skifahren bekannt. Die hohe Lage des Gebiets, die kalten Nordwinde und das feuchte Kontinentalklima tragen zu den beträchtlichen Schneemengen bei.

- Obwohl Sukayu Onsen für seinen höchsten jährlichen Schneefall bekannt ist, war der schneereichste Ort in einem Jahr Paradise, Mount Rainier, Washington. Dort fielen vom 19. Februar 1971 bis zum 18. Februar 1972 31,1 Meter Schnee, was etwa der Höhe eines zehnstöckigen Gebäudes entspricht. Dies ist auch der Guinness-Weltrekord für den größten Schneefall in 12 Monaten. Der höchste Schneefall innerhalb von 24 Stunden wurde am 5. März 2015 in Capracotta, Italien, mit 2,56 Metern gemessen. Sorgen Sie dafür, dass Sie an verschneiten Tagen im Haus bleiben!

3.5 Die trockensten Orte

- Arica, Chile, gilt als die trockenste Stadt der Welt mit einer durchschnittlichen jährlichen Niederschlagsmenge von nur 0,08 cm (0,03 Zoll) über einen Zeitraum von 59 Jahren. Die umliegende Atacama-Wüste ist sogar noch trockener, in einigen Gebieten hat es seit über 500 Jahren nicht mehr geregnet. Diese Trockenheit ist darauf zurückzuführen, dass die Atacama in einem Regenschatten liegt, in dem die Berge die feuchte Luft abhalten, so dass nur trockene Luft die Wüste erreicht.

- Die McMurdo Dry Valleys in der Antarktis sind ein weiterer extrem trockener Ort auf der Erde. Sie liegen etwa 97 Kilometer landeinwärts von der Westküste des McMurdo-Sunds, sind eisfrei und mit kargem Gestein bedeckt. Das liegt an den starken, trockenen katabatischen Winden mit Geschwindigkeiten von bis zu 322 km/h, die jeden Schnee, der auf den Talboden fällt, wegblasen. Wegen ihrer extrem niedrigen Luftfeuchtigkeit werden sowohl die Atacama-Wüste in Chile als auch die McMurdo Dry Valleys von der NASA genutzt, um Werkzeuge und Ausrüstung für Marsmissionen zu testen.

3.6 Die größten Wüsten

- Es mag Sie überraschen, aber die größte Wüste der Welt ist nicht die Sahara. Die Antarktis ist mit einer Fläche von 14,2 Millionen Quadratkilometern (5,5 Millionen Quadratmeilen) die größte Wüste der Welt. Sie ist auch die kälteste und windigste Wüste der Erde und beherbergt den geografischen Südpol. Die Antarktis gilt als Wüste, weil sie nur sehr wenig Niederschlag erhält, in manchen Gebieten fallen weniger als 51 Millimeter pro Jahr. Wüsten zeichnen sich eher durch geringe Regen- und Schneemengen aus, die zu wenig flüssigem Wasser auf dem Boden führen, als durch heiße Temperaturen und Sanddünen. Tatsächlich sind die McMurdo Dry Valleys in der Antarktis einer der trockensten Orte der Erde. Trotz der harten Bedingungen beherbergt die Antarktis eine vielfältige Tierwelt, darunter Pinguine, Robben und Orcas.

- Die arktische Polarwüste ist nach der Antarktis die zweitgrößte Wüste der Erde. Diese riesige, kalte Polarwüste umfasst 5,4 Millionen Quadratmeilen (13,9 Millionen Quadratkilometer) und erstreckt sich über die nördlichsten Regionen der Erde, vor allem über Teile von Kanada, Grönland und Russland. Sie ist gekennzeichnet durch extrem niedrige Temperaturen, minimale Niederschläge und eine Landschaft ohne flüssiges Wasser. In der Arktis gibt es große Eisflächen, Permafrost und eine raue, windige Umgebung. Trotz der schwierigen Bedingungen leben hier verschiedene angepasste Arten wie Eisbären, Walrosse und Vögel wie die Küstenseeschwalbe und der Eissturmvogel.

- Die Sahara ist die größte heiße Wüste der Welt und nach der Antarktis und der Arktis die drittgrößte Wüste überhaupt. Sie erstreckt sich über 3,6 Millionen Quadratmeilen (9,3 Millionen Quadratkilometer) und ist damit so groß wie China. Die Sahara ist die heißeste Wüste der Welt, mit einer durchschnittlichen Jahrestemperatur von 30°C (86°F) und einem Höchstwert von 58°C (136°F). Die Niederschlagsmenge ist minimal und beträgt in vielen Gebieten weniger als 25,4 Millimeter pro Jahr. Trotz der rauen Bedingungen gedeiht in der Sahara eine vielfältige Pflanzenwelt, darunter Kakteen, Dattelpalmen und stachelige Pflanzen, die den Feuchtigkeitsverlust minimieren. Auch Hunderte von Tierarten wie Mistkäfer, Skarabäuskäfer, Skorpione und verschiedene Ameisenarten sind hier zu Hause. Die Sahara blickt auf eine reiche Geschichte zurück, in der der Mensch über Jahrhunderte hinweg siedelte. Bemerkenswerte Zivilisationen wie das alte Ägypten und Karthago sind in dieser Region entstanden. Aufgrund ihrer einzigartigen Landschaft diente die Sahara auch als Drehort für die Star-Wars-Saga.

3.7 Die kältesten Temperaturen

- Jakutsk, Russland, ist ab 2023 die kälteste Stadt der Welt. Als Hauptstadt der Republik Sacha in Ostsibirien verzeichnete Jakutsk am 5. Februar 1891 eine Tiefsttemperatur von -83,9°F (-64,4°C). Der Januar ist in der Regel der kälteste Monat mit einer durchschnittlichen Tiefsttemperatur von -42°C (-43,6°F). Die 355.000 Einwohner zählende Stadt ist auf Permafrostboden (eine Schicht aus gefrorenem Boden, die Erde, Kies und Sand enthält) gebaut, und viele Häuser sind auf Betonpfählen errichtet. Trotz der eisigen Winter sind die Sommer in Jakutsk überraschend heiß, mit einer durchschnittlichen Höchsttemperatur von 26°C (78,8°F) im Juli ist es wärmer als in London.

- Oymyakon ist ein abgelegenes Dorf in der Republik Sacha in Russland und liegt zwischen zwei Tälern. Es ist als der kälteste bewohnte Ort der Erde bekannt, mit einer durchschnittlichen Wintertemperatur von etwa -50 °C. Im Jahr 1924 sank die Temperatur auf -71,2°C (-96,2°F), was einer Erkältung gleichkommt. Das Dorf besteht aus Holzhäusern, die auf tief in den Permafrostboden eingelassenen Fundamenten stehen. Die Bewohner lassen ihre Autos laufen, um zu verhindern, dass sie in der extremen Kälte nicht mehr anspringen. Oymyakon hatte einst 2.500 Einwohner, doch 2018 waren es nur noch weniger als 900.

- Der kälteste Ort der Erde ist das ostantarktische Plateau, wo die Temperaturen bis auf -98°C (-144°F) sinken können. Das Plateau befindet sich im Zentrum des Kontinents und beherbergt den geografischen Südpol. Wissenschaftler nutzten

Satellitensensoren, um diese extreme Temperatur am 10. August 2010 aufzuzeichnen. Der klare Himmel und die extrem trockene Luft in der Region tragen zu diesen eisigen Bedingungen bei.

3.8 Die wärmsten Temperaturen

- Dallol, Äthiopien, gilt als der heißeste bewohnte Ort der Erde mit der höchsten Jahresdurchschnittstemperatur von 34,4°C (93,9°F). Die Tagestemperaturen können jedoch über 49°C (120°F) erreichen. Dallol liegt in der Danakil-Senke und seine extremen Umweltbedingungen sind das Ergebnis einer Kombination aus großer Hitze, trockenen Bedingungen und geringer Höhe.

- Die höchste Lufttemperatur, die jemals auf der Erde gemessen wurde, war 134,1°F (56,7°C) auf der Furnace Creek Ranch im Death Valley, Kalifornien, am 10. Juli 1913. Im Jahr 2024 erlebte das Death Valley mit einer durchschnittlichen 24-Stunden-Temperatur von 40,3 °C (104,5 °F) zwischen Juni und August den heißesten Sommer aller Zeiten. Damit wurde der bisherige Rekord von 40,1°C (104,2°F) aus den Jahren 2018 und 2021 gebrochen.

- Die Wüste Lut im Iran hält den Rekord für die heißeste Oberflächentemperatur der Erde. Im Jahr 2005 maß ein Satellit die Oberflächentemperatur des Bodens in der Wüste Lut mit 70,7 °C (159,3 °F). Im Jahr 2021 registrierte ein Satellit in der Wüste Temperaturen von bis zu 81 °C (177 °F). Die Wüste Lut befindet sich in einem von Bergen umgebenen Becken im Südosten des Iran. Ihre Lage trägt zur extremen Trockenheit bei und macht sie für die meisten Lebensformen unwirtlich. Dennoch beherbergt die Lut-Wüste eine Vielzahl von widerstandsfähigen Tieren, darunter Rüppellfüchse, Sandkatzen, Pfeilnattern und Goldskorpione.

3.9 Die Extrem-Erdbeben

- Das tiefste jemals aufgezeichnete Erdbeben war ein geringfügiges Nachbeben des Ogasawara-Erdbebens von 2015, das sich in einer Tiefe von 751 Kilometern unter der Erdoberfläche ereignete. Dieses Beben war so tief, dass es seinen Ursprung im unteren Erdmantel hatte, einer Region, in der Seismologen bisher glaubten, Erdbeben seien unmöglich. Das Ogasawara-Erdbeben 2015 war ein Beben der Stärke 7,9, das die Bonin-Inseln vor dem japanischen Festland erschütterte. Das Nachbeben, das zu schwach war, um an der Oberfläche wahrgenommen zu werden, wurde nur von Japans Hi-Net-Anlage mit seismischen Stationen erfasst.

- Das stärkste jemals aufgezeichnete Erdbeben war das Erdbeben der Stärke 9,5 in Chile am 22. Mai 1960. Das Erdbeben ereignete sich an einer Subduktionszone, in der sich die Pazifische Platte unter die Südamerikanische Platte schob. Das Erdbeben verursachte Tsunamis im gesamten Pazifischen Ozean und traf Hawaii, Japan, die Philippinen, Ostneuseeland, Südostaustralien und die Aleuten. In Hilo, Hawaii, mehr als 10.000 Kilometer (6.200 Meilen) vom Epizentrum entfernt, wurden bis zu 10,7 Meter (35 Fuß) hohe Tsunamiwellen gemessen. Das Erdbeben in Chile 1960 führte zur Entwicklung eines weltweiten Tsunami-Warnsystems.

- Das Tohoku-Erdbeben der Stärke 9,0 aus dem Jahr 2011, auch bekannt als das Große Sendai-Erdbeben, war das stärkste Erdbeben, das Japan jemals erschütterte. Es ist wahrscheinlich das folgenreichste Erdbeben, da es die Hauptinsel Japans um etwa 2,4 Meter verschob und die Erdachse um etwa 17 Zentimeter verschob. Dies führte zu einer Verkürzung der Tageslänge um 1,8 Mikrosekunden.

- Das Tohoku-Erdbeben und der Tsunami im Jahr 2011 gelten auch als das teuerste Erdbeben der Geschichte mit geschätzten Kosten in Höhe von 360 Milliarden US-Dollar. Durch das Erdbeben wurden über 123 000 Häuser zerstört und fast eine Million weitere beschädigt. Außerdem wurden die Notstromgeneratoren des Kernkraftwerks Fukushima Daiichi schwer beschädigt, was zu einem Atomunfall führte, bei dem radioaktives Material in die Atmosphäre und das Meer gelangte.

- Manche glauben, dass das Erdbeben im Indischen Ozean von 2004, bei dem 227 898 Menschen ums Leben kamen, das tödlichste Erdbeben war, aber das stimmt nicht. Das tödlichste aufgezeichnete Erdbeben in der Geschichte war das Shaanxi-Erdbeben von 1556 in Zentralchina, bei dem schätzungsweise 830.000 Menschen ums Leben kamen. Das Erdbeben ereignete sich in einer Region, in der die meisten Menschen in Yaodongs lebten, künstlich angelegten Höhlen aus weichem Gestein, die während des Bebens einstürzten. Das zweittödlichste Erdbeben war 1976 das Tangshan-Erdbeben in China. Das Beben der Stärke 7,6 erschütterte die Stadt am 28. Juli 1976 um 3:42 Uhr morgens, als die meisten Menschen noch schliefen. Schätzungsweise 255 000 Menschen starben bei diesem Erdbeben, aber einige Experten glauben, dass die Zahl der Todesopfer bei 655 000 liegen könnte.

3.10 Die höchsten Wasserfälle

- Der Angel Falls im Canaima-Nationalpark in Venezuela wird oft als der höchste Wasserfall der Welt bezeichnet. Mit einer Höhe von 979 Metern (3.212 Fuß) und einer ununterbrochenen Fallhöhe von 807 Metern (2.648 Fuß) ist er ein atemberaubendes Naturwunder. Der Wasserfall besteht aus dem Hauptsturz, einer schrägen Kaskade und einem Unterwassersturz. Benannt nach dem amerikanischen Abenteurer James Angel, der 1937 mit seinem Flugzeug auf einem nahe gelegenen Tafelberg eine Bruchlandung hinlegte, ist der Status der Angel Falls als höchster Wasserfall umstritten. Einige argumentieren, dass bei der Messung der Höhe eines einzelnen Wasserfalls nur der ununterbrochene Fall von 2.648 Fuß berücksichtigt werden sollte. Würde man dieses Maß zugrunde legen, würden die Tugela Falls in Südafrika den Titel des höchsten Wasserfalls der Welt für sich beanspruchen.

- Die Tugela-Fälle in Südafrika sind mit einer Höhe von 948 Metern der zweithöchste Wasserfall der Welt und der höchste in Afrika. Er besteht aus fünf verschiedenen, frei fallenden Wasserfällen, wobei der höchste Abschnitt 411 Meter (1.348 Fuß) misst. Der Wasserfall liegt im Royal Natal National Park in den Drakensbergen, und seine Spitze befindet sich fast 3.048 Meter über dem Meeresspiegel. Der Name Tugela stammt von dem Zulu-Wort "thukela", was "etwas, das erschreckt" bedeutet. Wenn man die Gesamthöhe der Angel Falls nur als den ersten Fall von 807 Metern (2.648 Fuß) betrachtet, wären die Tugela Falls der höchste Wasserfall der Welt.

- Allerdings kommen weder die Angel Falls noch die Tugela Falls an den Katarakt in der Dänemarkstraße heran, einen Unterwasser-Wasserfall im Atlantik zwischen Grönland und Island. Er ist der höchste Wasserfall überhaupt und stürzt mehr als 3.505 Meter von der Grönlandsee in die Irminger See. Er führt rund 5 Millionen Kubikmeter Wasser pro Sekunde, was in der Spitze fast 2.000 Niagarafällen entspricht. Dieser Unterwasserüberlauf wird durch den Dichteunterschied zwischen den Wassermassen auf beiden Seiten der Dänemarkstraße gebildet.

3.11 Die längsten Flüsse

- Der Amazonas, der früher als der zweitlängste Fluss nach dem Nil galt, ist jetzt als der längste Fluss der Welt anerkannt. Mit einer Länge von mindestens 6.853 Kilometern ist der Amazonas nicht nur der längste, sondern auch der größte Fluss, der viermal mehr Wasser führt als jeder andere Fluss. Auf ihn entfallen 15 bis 16 % des gesamten Flussabflusses der Welt in die Ozeane, wobei er jede Sekunde 200.000

Liter Süßwasser in den Ozean pumpt. Der Amazonas ist vom Amazonas-Regenwald umgeben, dem größten Regenwald der Welt, der Millionen von Arten beherbergt. Der Amazonas ist jedoch zahlreichen Bedrohungen ausgesetzt, darunter Abholzung, schlecht geplante Infrastrukturentwicklung und der Klimawandel.

- Der Nil ist etwa 6.650 Kilometer lang und fließt von Zentralafrika bis zum Mittelmeer. Er hat drei Hauptzuflüsse: den Weißen Nil, den Blauen Nil und den Atbara. Das Einzugsgebiet des Nils bedeckt etwa 10 % der Fläche Afrikas und wird seit Tausenden von Jahren landwirtschaftlich genutzt. Der Nil war eine wichtige Handelsroute für die alten Ägypter, die ihn für den Transport von Waren wie Gold, Elfenbein und Gewürzen nutzten. Der Nil ist von vielen historischen Stätten und Sehenswürdigkeiten umgeben, darunter die Pyramiden von Gizeh, der Luxor-Tempel und das Tal der Könige.

3.12 Die tiefsten Ozeane

- Der tiefste Teil des Ozeans ist der Marianengraben, der sich im westlichen Pazifik in der Nähe der Marianen-Inseln befindet. Der tiefste Teil des Grabens wird Challenger Deep genannt und ist 10.984 Meter (36.037 Fuß) tief, tiefer als der Mount Everest hoch ist. Der Druck auf dem Grund des Marianengrabens beträgt 1.086 bar oder 15.750 Pfund pro Quadratzoll (psi), was dem Gewicht von 100 ausgewachsenen Elefanten entspricht, die auf dem Kopf stehen. Trotz dieser rauen Umgebung beherbergt der Graben erstaunlich vielfältige Lebensformen, darunter das Tiefseekrebstier Hirondellea gigas. Im Jahr 2012 schrieb James Cameron Geschichte, als er als erster Mensch im Alleingang mit einem U-Boot zum Challenger Deep tauchte.

- Der Puerto-Rico-Graben ist der tiefste Teil des Atlantischen Ozeans. Er liegt etwa 75 Meilen nördlich von Puerto Rico und erreicht eine maximale Tiefe von 8.648 Metern (28.373 Fuß). Er entstand vor über 70 Millionen Jahren, als sich die nordamerikanische Platte unter die karibische Platte schob. Dieses geologisch aktive Gebiet birgt die Gefahr von Erdbeben und Tsunamis, beherbergt aber auch ein vielfältiges Meeresleben, darunter eine Brutpopulation von Buckelwalen und anderen Arten wie Bryde-, Sei-, Finn- und Zwergwalen.

3.13 Die Extremseen

- Das Kaspische Meer, das zwischen Europa und Asien liegt, ist das größte Binnengewässer der Welt. Es grenzt an Russland, Aserbaidschan, Kasachstan, Turkmenistan und den Iran und hat eine Fläche von etwa 386 400 Quadratkilometern, was größer ist als Japan. Das Kaspische Meer ist fast 750 Meilen (1.200 Kilometer) lang und hat eine durchschnittliche Breite von 200 Meilen (320 Kilometer). Seine Tiefe variiert beträchtlich, wobei die flachsten Teile im Norden im Durchschnitt 4 bis 6 Meter tief sind, während die südlichen Regionen eine Tiefe von 1.024 Metern erreichen. Obwohl das Kaspische Meer salzig ist, beträgt der Salzgehalt nur etwa ein Drittel des durchschnittlichen Meerwassers. Es wird von den Flüssen Wolga, Ural und Terek aus dem Norden gespeist und beherbergt ein vielfältiges Ökosystem von Fischen, Weichtieren und anderen Organismen, darunter auch Arten, die sowohl aus der Arktis als auch aus dem Mittelmeerraum stammen.

- Der Lake Superior ist mit einer Fläche von 82.103 Quadratkilometern (31.700 Quadratmeilen) der größte Süßwassersee der Welt. Er ist auch der drittgrößte See der Welt nach Volumen und enthält etwa 10 % des Süßwassers der Erde. Mit einer maximalen Tiefe von 406 Metern (1.332 Fuß) ist der Lake Superior der tiefste der Großen Seen. Mit einer durchschnittlichen Wassertemperatur von 4,4°C (40°F) ist er auch der kälteste der Großen Seen. Der Lake Superior ist der Lebensraum für eine Vielzahl von Arten, darunter Säugetiere, Vögel, Amphibien und Fische.

- Der Baikalsee in Südsibirien, Russland, ist der tiefste See der Welt mit einer maximalen Tiefe von 1 642 Metern. Er ist auch der volumenmäßig größte Süßwassersee der Welt und enthält 20-23 % des nicht gefrorenen Oberflächensüßwassers der Erde. Der Baikalsee ist der älteste Süßwassersee der Welt mit einem geschätzten Alter von 20-25 Millionen Jahren. Er hat eine Länge von 636 Kilometern (395 Meilen), eine Breite von 79 Kilometern (49 Meilen) und eine Fläche von 31.722 Quadratkilometern (12.248 Quadratmeilen). Im Vergleich dazu ist der Crater Lake in Oregon mit einer Tiefe von 592 Metern (1.943 Fuß) der tiefste See in den Vereinigten Staaten. Der Crater Lake befindet sich im Crater Lake National Park und ist für seine Berge, Gipfel und immergrünen Wälder bekannt.

3.14 Die größten Vulkane

- Denken Sie immer noch an den Yellowstone-Supervulkan? Es gibt noch einen viel größeren. Das Tamu-Massiv ist ein gewaltiger Unterwasservulkan und der größte Vulkan der Erde. Er befindet sich etwa 1.609 Kilometer östlich von Japan im Pazifischen Ozean und ist Teil des Unterwassergebirges Shatsky Rise, das sich vor etwa 145 Millionen Jahren gebildet hat. Das Tamu-Massiv erstreckt sich über eine Fläche von etwa 120.000 Quadratmeilen (310.799 Quadratkilometer), was ungefähr der Größe von New Mexico entspricht. Sein höchster Punkt liegt etwa 1 981 Meter unter der Meeresoberfläche, und seine Basis reicht bis in eine Tiefe von 6,4 Kilometern. Das Tamu-Massiv ist etwa halb so groß wie der Olympus Mons auf dem Mars, der der größte Vulkan im Sonnensystem ist und in klaren Nächten von der Erde aus gesehen werden kann.

- Der Mauna Loa ist mit einer Fläche von 5.271 Quadratkilometern (2.035 Quadratmeilen) der größte aktive Vulkan der Erde und umfasst etwa die Hälfte der Insel Hawaii. Sein Gipfel erreicht eine Höhe von 4.170 Metern (13.680 Fuß) über dem Meeresspiegel, aber seine unterseeischen Flanken fallen um weitere 5.000 Meter (16.400 Fuß) auf den Meeresboden ab. Damit ist der Mauna Loa von der Basis bis zum Gipfel mehr als 17.000 Meter hoch und so massiv, dass sein Gewicht den Meeresboden unter ihm verbiegt! Der Mauna Loa ist seit 1843 33 Mal ausgebrochen. Der jüngste Ausbruch fand vom 27. November bis 13. Dezember 2022 statt.

- Die oben genannten gigantischen Vulkane sind jedoch nicht die schlimmsten Unruhestifter. Der tödlichste Vulkanausbruch in der Geschichte war der Ausbruch des Mount Tambora in Indonesien am 10. und 11. April 1815, bei dem schätzungsweise 92.000 Menschen ums Leben kamen. Schätzungsweise 10.000 Menschen starben direkt bei dem Ausbruch, weitere 82.000 starben an Hunger und Krankheiten, die durch die Ascheablagerungen des Ausbruchs verursacht wurden. Die gewaltige Eruption stieß 13,2 Billionen Gallonen (50 Kubikkilometer) Magma aus und war über 1.200 Meilen (1.931 Kilometer) entfernt auf der Insel Sumatra zu hören. Die Eruption hinterließ anstelle des Gipfelkegels des Vulkans eine kollabierte Caldera von 6 mal 7 Kilometern Breite und 1.000 Metern Tiefe. Auf dem Vulkanexplosivitätsindex (VEI) wird er mit 7 eingestuft, der zweithöchsten Stufe, die als "superkolossal" gilt.

3.15 Die längsten Täler

- Der Große Grabenbruch ist der längste Grabenbruch auf der Erdoberfläche und erstreckt sich über 6.400 Kilometer von Jordanien bis Mosambik in Ostafrika. Dieses Y-förmige Tal besteht aus einem System miteinander verbundener Grabenbrüche, zu denen der Ostafrikanische Graben, der Rote-Meer-Graben und der Golf von Aden-Graben gehören. Er hat eine durchschnittliche Tiefe von 600-900 Metern (2.000-3.000 Fuß), obwohl er an einigen Stellen, wie z. B. dem Mau Escarpment in Kenia, eine Tiefe von bis zu 2.700 Metern (9.000 Fuß) erreicht. Der Große Grabenbruch ist immer noch aktiv und weitet und vertieft sich langsam. Es beherbergt viele Seen, Vulkane, Wüsten, Ebenen und Steilhänge, die Lebensraum für eine vielfältige Tierwelt bieten, darunter Vögel, Löwen, Leoparden, Elefanten, Nashörner, Büffel, Geparden, Giraffen, Antilopen, Zebras und Primaten.

- Das Missouri River Valley ist das längste Flusstal Nordamerikas. Der Fluss entspringt in der Bitterroot Range der Rocky Mountains im Südwesten Montanas und fließt 2.341 Meilen (3.767 km) lang nach Osten und Süden, bevor er nördlich von St. Louis, Missouri, in den Mississippi mündet. Das Tal, das die Überschwemmungsgebiete und Flussbetten des Flusses umfasst, entwässert ein Sechstel der Vereinigten Staaten. Der Missouri River, der wegen seiner hohen Sedimentfracht oft "Big Muddy" genannt wird, trägt zu den reichen Schwemmlandböden entlang des Tals bei. Er war ein entscheidender Weg für die Expansion der Vereinigten Staaten nach Westen und ist seit Tausenden von Jahren für Millionen von Menschen eine lebenswichtige Verkehrsader für Transport, Ernährung, Handel und Erkundung.

- Die beiden Täler liegen jedoch nicht einmal in der Nähe des Mittelatlantischen Rückens (MAR), eines massiven Unterwassergebirges, das sich über eine Länge von etwa 16 000 Kilometern erstreckt. Dieser vulkanische Gebirgszug erstreckt sich vom Arktischen Ozean bis in die Nähe der Südspitze von Afrika. Der südliche Teil des MAR trennt die Afrikanische Platte und die Südamerikanische Platte. Der MAR ist ein Ort, an dem sich der Meeresboden ausbreitet, an dem Magma aus dem Erdmantel zum Meeresboden aufsteigt, abkühlt und sich vom Gebirgskamm wegdrückt. Dieser Prozess ist für die Verbreiterung des Atlantischen Ozeans mit einer Geschwindigkeit von etwa 1-10 cm pro Jahr verantwortlich.

3.16 Das Außergewöhnliche Flachland

- Die Westsibirische Tiefebene in Zentralrussland ist mit einer Fläche von etwa 3,1 Millionen Quadratkilometern das größte Flachland der Welt. Sie gilt als das größte zusammenhängende Tiefland der Welt, wobei mehr als die Hälfte der Fläche weniger als 100 Meter über dem Meeresspiegel liegt. Die Ebene grenzt im Westen an den Ural, im Osten an den Fluss Jenissej, im Norden an die Karasee und im Süden an das Torghay-Plateau, das kasachische Hochland und das Altai-Gebirge. Die Ebene wird von den Flüssen Ob, Irtysch und Jenissej und ihren Nebenflüssen entwässert und umfasst Tundra-, Wald- und Steppenbiome mit tiefgrünen Wäldern, blauschwarzen Tümpeln und Teichen sowie Permafrost. In der westsibirischen Tiefebene herrschen jahreszeitlich bedingte Temperaturunterschiede von bis zu 70 °C (158 °F) oder mehr. Im Sommer können die Temperaturen bis zu 30 °C (86 °F) erreichen, während sie im Winter bis auf -45 °C (-49 °F) sinken können.

- Das tibetische Hochplateau, auch bekannt als Qinghai-Tibet-Plateau oder Qing-Zang-Plateau, ist das größte und höchstgelegene Hochplateau der Welt. Es erstreckt sich über mehr als 0,97 Millionen Quadratmeilen (2,5 Millionen Quadratkilometer) und ist damit etwa fünfmal so groß wie Kalifornien. Es befindet sich in Zentralasien und erstreckt sich über Tibet, China und Indien. Das tibetische Plateau liegt durchschnittlich 4.500 Meter über dem Meeresspiegel und ist als "Dach der Welt" bekannt. Die Hochebene ist von hohen Gebirgsketten umgeben, darunter der Himalaya, und beherbergt die beiden höchsten Gipfel der Welt, den Mount Everest und den K2. Das tibetische Plateau entstand vor etwa 55 Millionen Jahren durch die Kollision der indischen und der eurasischen tektonischen Platte, und die Bildung dauerte Millionen von Jahren. Dieser kontinuierliche Prozess schiebt das Land immer weiter nach oben. Das tibetische Plateau ist bekannt für seine strengen, kalten Winter und den niedrigen Sauerstoffgehalt. Die Temperaturen können im Winter bis auf -40°F (-40°C) fallen, und die Luft in dieser Höhe enthält nur etwa 60 % des Sauerstoffs, den man auf Meereshöhe findet.

3.17 Die Erstaunlichen Becken

- Der Pazifik ist das größte und tiefste Meeresbecken der Erde. Er bedeckt mehr als 59 Millionen Quadratmeilen (155 Millionen Quadratkilometer), das sind mehr als 30 % der Oberfläche unseres Planeten. Er enthält mehr als die Hälfte des freien Wassers der Welt und ist so groß, dass alle Kontinente der Welt in ihn hineinpassen könnten. Der Pazifische Ozean ist auch das älteste Meeresbecken, denn einige seiner Gesteine werden auf ein Alter von 200 Millionen Jahren geschätzt. Der Pazifik ist aufgrund der intensiven Vulkan- und Erdbebentätigkeit in der Region, in der die Pazifische Platte auf viele andere tektonische Platten trifft, als "Ring des Feuers" bekannt. In dieser Region sind 75 % aller Vulkane der Welt und 90 % aller

Erdbeben zu finden. Der Pazifik beherbergt die vielfältigste Meeresfauna und -flora aller Ozeane, darunter Seetangbänke, Korallenriffe, Wale, Meeresschildkröten und viele Fischarten.

- Das größte Flusseinzugsgebiet der Welt ist das Amazonaseinzugsgebiet mit einer Fläche von 6,2 Millionen Quadratkilometern (2,4 Millionen Quadratmeilen). Es befindet sich im nördlichen Südamerika und bedeckt fast 40 % des Kontinents. Das Amazonasbecken führt mehr als doppelt so viel Wasser wie die vier nächstgrößeren Flussgebiete der Welt zusammen. Das Amazonasbecken beherbergt etwa ein Drittel der weltweit bekannten Arten, darunter 40.000 Pflanzenarten und 3.000 Süßwasserfischarten. Es ist auch die Heimat von mehr als 400 indigenen Gruppen, die rund 300 indigene Sprachen sprechen.

- Das größte Einzugsgebiet in den Vereinigten Staaten ist das Mississippi/Atchafalaya River Basin (MARB), das nach dem Amazonas- und dem Kongobecken das drittgrößte Einzugsgebiet der Welt ist. Der Mississippi entwässert ein Gebiet von rund 1,2 Millionen Quadratmeilen (3,2 Millionen Quadratkilometer), das 41 % der zusammenhängenden Vereinigten Staaten (einschließlich Teilen von 31 US-Bundesstaaten) und 15 % von Nordamerika umfasst. Der Mississippi beherbergt mehr als 325 Vogelarten und 25 % aller nordamerikanischen Fischarten. Das Einzugsgebiet beherbergt viele Tiere, darunter gefährdete Arten wie den Florida-Panther und den Wanderfalken. Das Becken dient als Hochwasserrückhaltebecken, das die Strömung des Mississippi verlangsamt und die Gemeinden vor Sturmfluten schützt.

3.18 Die lebenswichtigen Regenwälder

- Der Amazonas-Regenwald ist mit einer Fläche von 6,7 Millionen Quadratkilometern (2,59 Millionen Quadratmeilen) der größte Regenwald der Welt, was etwa 70 % der Fläche der Vereinigten Staaten und der doppelten Größe Indiens entspricht. Der Amazonas-Regenwald erstreckt sich über neun südamerikanische Länder, darunter Brasilien, Peru und Kolumbien, wobei 60 % des Regenwaldes in Brasilien liegen. Der Amazonas-Regenwald beherbergt mindestens 10 % der weltweit bekannten Artenvielfalt, darunter mehr als 1 800 Vogelarten und viele gefährdete Arten wie Jaguare, Harpyien, rosa Flussdelfine und Tausende von Vögeln und Schmetterlingen. Der Amazonas trägt zur Stabilisierung des Klimas bei, indem er jährlich 1,2 Milliarden Tonnen Kohlenstoff aus der Atmosphäre entfernt, und seine Wälder und Böden speichern schätzungsweise 150-200 Milliarden Tonnen Kohlenstoff. Das dichte Blätterdach des Amazonas blockiert das Sonnenlicht, so dass der Waldboden in vielen Teilen fast schwarz ist. Wenn es regnet, kann es bis zu 10 Minuten dauern, bis das Wasser den Boden erreicht.

- Der Kongo-Regenwald bedeckt etwa 3,1 Millionen Quadratkilometer und ist damit der zweitgrößte tropische Regenwald der Welt, etwa so groß wie Indien. Er befindet sich im westlichen Äquatorialafrika und erstreckt sich über sechs Länder: Kamerun, die Zentralafrikanische Republik, die Demokratische Republik Kongo, die Republik Kongo, Äquatorialguinea und Gabun. Der Kongo-Regenwald beherbergt eine enorme biologische Vielfalt, darunter über 10 000 Pflanzen- und 10 000 Tierarten. Er bietet Lebensraum für gefährdete Arten wie Gorillas, Elefanten und Büffel und ist eine Quelle für Pflanzen, die in der traditionellen Medizin verwendet werden, darunter Chinarinde und Ruwolfia. Der Kongo-Regenwald ist ein lebenswichtiges Ökosystem, das manchmal als "Lunge Afrikas" und als "zweite Lunge der Erde" bezeichnet wird. Das Kongobecken absorbiert jährlich fast 1,5 Milliarden Tonnen Kohlendioxid und ist damit die größte Kohlenstoffsenke der Welt, die mehr Kohlenstoff aufnimmt als der Amazonas. Es ist jedoch durch Abholzung bedroht, und bis 2022 wird eine halbe Million Hektar verloren gehen.

3.19 Die längsten Blitzeinschläge

- Der längste jemals aufgezeichnete Blitzeinschlag war 477 Meilen lang und erstreckte sich am 29. April 2020 von Texas bis Mississippi. Der Einschlag wurde von NOAA-Satelliten aufgezeichnet und von der Weltorganisation für Meteorologie (WMO) zertifiziert. Damit wurde der bisherige Rekord von 440,6 Meilen aus dem Jahr 2018 über Südbrasilien gebrochen. Während Blitze in der Regel 2 bis 3 Meilen lang sind, können sich manche über Hunderte von Meilen erstrecken. Der Blitzspezialist Ron Holle stellt fest, dass diese außergewöhnlich großen und lang anhaltenden Blitze keine Einzelfälle sind, sondern bei aktiven Gewittern auftreten.

- Der längste Blitzschlag dauerte 17,2 Sekunden und ereignete sich am 18. Juni 2020 über der Grenze zwischen Argentinien und Uruguay. Der Einschlag wurde von Blitzortungsgeräten auf Satelliten in der Erdumlaufbahn aufgezeichnet. Megaflashes sind gewaltige Blitzeinschläge, die mehr als 10 Sekunden dauern und Hunderte von Kilometern zurücklegen können. Sie werden mit mesoskaligen konvektiven Systemen (MCS) in Verbindung gebracht, d. h. mit Ansammlungen von Gewittern, die sich über mehrere Staaten erstrecken können.

3.20 Die am häufigsten auftretenden Gewitterstürme

- Das Catatumbo-Gewitter in Venezuela ist das intensivste Blitzphänomen der Welt. Die Blitze treten in 140-160 Nächten pro Jahr auf, manchmal sogar in bis zu 300 Nächten pro Jahr, mit Blitzen zwischen 16 und 40 pro Minute. Die Blitzdichte ist mit 250 Blitzen pro Quadratkilometer die höchste der Welt. Die Blitze treten über der Mündung des Catatumbo-Flusses in den Maracaibo-See auf. Sie werden durch eine Kombination aus warmer Luft vom Karibischen Meer und kalter Luft aus den Anden verursacht. Der Name Catatumbo stammt aus der Bari-Sprache und bedeutet "Haus des Donners". Einheimische Fischer können von Blitzen getroffen werden, wenn sie mit ihren Booten unterwegs sind. Lokalen Nachrichten zufolge sterben in der Hauptstadt der Blitze jedes Jahr drei bis vier Menschen.

- Das Dorf Kifuka in der Demokratischen Republik Kongo (DRC) erlebt jährlich 158 Blitze pro Quadratkilometer und ist damit der Ort mit den zweithäufigsten Blitzeinschlägen der Welt. Kifuka liegt in den Bergen des Kongo auf einer Höhe von etwa 1.700 Metern (5.600 Fuß). Die hohe Blitzdichte wird durch das Zusammentreffen warmer Atlantikluft mit kühler Bergluft verursacht, wodurch statische Aufladungen entstehen, die zu Blitzen führen. Am intensivsten sind die Blitze von Oktober bis März, am schwächsten von Juni bis August.

3.21 Die höchsten Gezeiten

- Die Bay of Fundy in Kanada hat mit einem maximalen Tidenhub von 16 Metern (52 Fuß) und einem durchschnittlichen Tidenhub von 11,7 Metern (38,4 Fuß) den höchsten Tidenhub der Welt. Dies übertrifft bei weitem den durchschnittlichen Tidenhub von 3,3 Fuß (1 Meter) weltweit. Die Gezeiten in der Bay of Fundy sind so stark, dass während eines 12-stündigen Gezeitenzyklus etwa 100 Milliarden Tonnen Wasser in die Bucht hinein- und hinausfließen. Das ist mehr als alle Flüsse der Welt zusammen im gleichen Zeitraum fließen. Die einzigartige Form der Bucht und die Resonanz, die so genannte Seiche, sind für die extremen Gezeiten verantwortlich. Die Gezeiten variieren je nach den Positionen von Sonne und Mond sowie den atmosphärischen Bedingungen. Die Ungava-Bucht in Kanada hat einen Tidenhub von 9,8 Metern (32 Fuß), den zweithöchsten der Welt, und der Bristol-Kanal in England und Wales hat einen Tidenhub von 9,6 Metern (31,5

Fuß), den dritthöchsten.

3.22 Die größten Wellen

- Die Welle in der Lituya-Bucht in Alaska im Jahr 1958 war mit einer maximalen Höhe von 524 Metern (1.720 Fuß) der weltweit größte aufgezeichnete Tsunami. Sie wurde durch einen Erdrutsch verursacht, der durch ein Erdbeben der Stärke 7,7 an der Fairweather-Verwerfung im Südosten Alaskas ausgelöst wurde. Die Auswirkungen der Welle waren verheerend, da sie Bäume bis zu einer Höhe von 524 Metern abtrug und rund 5,2 Quadratkilometer Waldfläche mit sich riss. Dieser Tsunami verursachte Schäden in höheren Lagen als jeder andere aufgezeichnete Tsunami, knickte Bäume ab und riss fast die gesamte Vegetation mit sich. Fünf Menschen wurden getötet. Die Bucht von Lituya ist auch für ihre starken Gezeiten mit einem Schwankungsbereich von etwa 3 Metern bekannt, und ihre Einfahrt gilt als gefährlich für die Schifffahrt, vor allem, wenn die Gezeitenströmungen stark sind.

3.23 Die gefährlichsten Orte

- Die Schlangeninsel, auch Ilha da Queimada Grande genannt, ist eine kleine Insel vor der Küste Brasiliens, auf der Tausende von giftigen Goldlanzenkopf-Grubenottern leben. Sie ist so gefährlich, dass sie nur von der brasilianischen Marine und Wissenschaftlern mit Sondergenehmigung besucht werden darf. Forscher schätzen, dass auf Snake Island zwischen 2.000 und 4.000 goldene Lanzenkopfvipern leben, mit einer Dichte von etwa einer bis fünf Schlangen pro Quadratmeter. Die goldene Lanzenkopfotter ist eine der giftigsten Schlangen der Welt und für 90 % der Todesfälle durch Schlangenbisse in Brasilien verantwortlich. Ihr Gift ist schnell wirksam und kann zu Nierenversagen, inneren Blutungen und Gewebetod führen. Die Schlangen wurden vor etwa 11.000 Jahren auf der Insel gefangen, als der steigende Meeresspiegel die Insel vom Festland abtrennte. Das Gift der Goldlanzenkopfschlange ist zwar unglaublich gefährlich, hat sich aber als vielversprechend bei der Behandlung von Herz- und Kreislaufproblemen sowie Blutgerinnseln erwiesen. Die Insel ist auch ein Ziel für Wildtierschmuggler, so genannte Biopiraten, die die Schlangen illegal fangen und verkaufen.

- Fraser Island, in Australien auch als K'gari bekannt, gilt als einer der gefährlichsten Strände der Welt. Sie beherbergt eine Vielzahl gefährlicher Wildtiere, darunter

Dingos, Haie und Giftschlangen. Dingos können unberechenbar und gefährlich sein, wenn man sich ihnen nähert oder sie provoziert. Weiße Haie und Bullenhaie sind in den flachen Gewässern in Küstennähe zu finden. Im Meer um Fraser Island treten häufig Strömungen auf, die selbst für erfahrene Schwimmer gefährlich sein können. Außerdem ist Fraser Island sehr abgelegen, und es gibt keine Rettungsschwimmer, die an den Stränden patrouillieren, und auch keine medizinischen Einrichtungen, die im Falle eines Unfalls zur Verfügung stehen. Allerdings gibt es auf der Insel über 40 Seen und Bäche, in denen das Schwimmen als sicher gilt.

- Die gefährlichste Küste. Die Skelettküste in Namibia ist eine abgelegene und unwirtliche Region mit Schiffswracks, tückischen Strömungen und Haien. Als größter Schiffsfriedhof der Welt beherbergt sie Tausende von Schiffswracks, die durch dichten Nebel, unberechenbare Strömungen, flache Sandbänke und raue Brandung verursacht wurden. Die Skelettküste beherbergt außerdem 11 Haiarten und ist damit die drittgrößte Haifischpopulation der Welt. Die San, die für ihre gefährlichen Bedingungen bekannt sind, nannten sie "Das Land, das Gott im Zorn schuf". Die Abgeschiedenheit und Unzugänglichkeit tragen zu ihrer Härte bei, da der nördliche Teil der Küste für normale Besucher gesperrt ist.

- Der am stärksten von Haien verseuchte Strand. Florida ist als "Hauptstadt der Haiangriffe" bekannt und weist weltweit die höchste Rate an Haiangriffen auf. New Smyrna Beach in Volusia County, Florida, hat mit 303 unprovozierten Angriffen seit 1882 die meisten Hai-Angriffe in den Vereinigten Staaten zu verzeichnen. Das International Shark Attack File (ISAF) meldete zwischen 2012 und 2021 259 nicht-tödliche Haibisse in diesem Bundesstaat. Von diesen Bissen ereigneten sich 32 Angriffe in New Smyrna Beach. Laut einer Studie von Travel Lens ist diese Zahl doppelt so hoch wie an jedem anderen Strand in den USA.

- Die giftigste Wüste. Die Danakil-Wüste in Ostafrika ist wegen ihrer hochgiftigen Gasemissionen als "Tor zur Hölle" bekannt. In der Wüste gibt es aktive Vulkane und Geysire, die giftige Gase freisetzen, darunter erhebliche Mengen an Schwefeldioxid, Chlordampf und anderen vulkanischen Gasen. Das Einatmen dieser Gase ist ohne entsprechenden Schutz sehr gefährlich; Besucher der Gegend müssen oft Gasmasken tragen. Die giftigen Gase können sogar für Vögel tödlich sein, die versuchen, einen Schluck Wasser zu trinken. Zusätzlich zu den giftigen Gasen herrschen in dem Gebiet extrem hohe Temperaturen, die für Menschen nahezu unerträglich sind. Das Salzwasser, das an die Oberfläche gelangt, kann bis zu 100°C (212°F) erreichen. Die Wüste erstreckt sich über Äthiopien, Eritrea und Dschibuti und ist außerdem von extrem sauren und salzhaltigen heißen Quellen durchzogen, die zusätzliche giftige Dämpfe freisetzen.

- Die Nordanatolische Verwerfung (NAF) in der Türkei gilt als die Region mit dem höchsten Risiko für tödliche Erdbeben. Die NAF erstreckt sich über 1.500 Kilometer von der Ostanatolischen Verwerfung in der Osttürkei bis zum Ägäischen Meer und trennt die eurasische Platte von der anatolischen Platte. Sie verläuft in einem Umkreis von 20 Kilometern um Istanbul, die bevölkerungsreichste Stadt der Türkei, in der 12,8 Millionen Menschen leben. Die NAF war Schauplatz einiger der verheerendsten Erdbeben der Geschichte, darunter das Erzincan-Erdbeben der Stärke 7,9 im Jahr 1939, bei dem mehr als 32 000 Menschen ums Leben kamen, und das Golcuk-Kocaeli-Erdbeben der Stärke 7,6 im Jahr 1999, bei dem über 17 000 Menschen starben. Das Erdbeben von 2023, das mehr als 55 000 Todesopfer forderte, ereignete sich an der Ostanatolischen Verwerfung. Wissenschaftler schätzen, dass die Region Istanbul-Marmara eine 62%ige Chance hat, ein Erdbeben der Stärke 7,0 oder mehr zu erleben.

3.24 Die längsten natürlichen Wanderwege

- Der Trans Canada Trail ist der längste Mehrzweckweg der Welt, der den Atlantik, den Pazifik und den arktischen Ozean quer durch Kanada verbindet. Der Weg erstreckt sich über 17.398 Meilen (28.000 Kilometer) und reicht von Küste zu Küste. Er bietet ein breites Spektrum an Aktivitäten, darunter Wandern, Radfahren, Paddeln, Reiten, Skilanglauf und Schneemobilfahren. Der Trail führt durch unterschiedliche Landschaften, darunter städtische, ländliche und wilde Gebiete, und verbindet 15.000 Gemeinden in ganz Kanada. Mehr als 2,6 Millionen Menschen nutzen ihn jedes Jahr, um sich körperlich zu betätigen, und tragen so zur körperlichen und geistigen Gesundheit bei. Für die gesamte Strecke benötigt man etwa 26 Monate.

- Der Great Western Loop (GWL) ist ein 11.064 Kilometer langer Wanderweg, der sich durch seine Länge, seine Vielfalt und seine Herausforderungen auszeichnet. Als längster zusammenhängender Wanderweg in den USA und zweitlängster Wanderweg der Welt umfasst er Wüsten, Berge, Ebenen, Buschwanderungen und weglose Strecken. Der GWL durchquert 12 Nationalparks und über 75 Wildnisgebiete und verbindet fünf bestehende Fernwanderwege: den Pacific Crest Trail, den Pacific Northwest Trail, den Continental Divide Trail, den

Grand Enchantment Trail und den Arizona Trail. Aufgrund der anspruchsvollen Natur dieser Wanderung ist das Timing für jeden Abschnitt entscheidend. Ryan Jordan und Andrew Skurka haben den GWL ins Leben gerufen und die erste Durchwanderung im Jahr 2007 abgeschlossen. Skurkas Leistung brachte ihm die Auszeichnung National Geographic Adventurer of the Year ein. Die Wanderung des gesamten GWL dauert etwa ein Jahr.

- Der American Discovery Trail (ADT) ist der erste und einzige nicht motorisierte Wanderweg von Küste zu Küste in den Vereinigten Staaten. Er teilt sich im Mittleren Westen in zwei Routen. Die nördliche Route, die durch Chicago führt, umfasst 4.834 Meilen (7.780 km), während die südliche Route, die durch St. Louis führt, 5.057 Meilen (8.138 km) umfasst. Zusammengenommen wäre der ADT etwa 6.800 Meilen lang und damit der drittlängste Wanderweg der Welt und der zweitlängste in den USA. Der ADT ist mit vielen anderen Wanderwegen verbunden, darunter der Appalachian Trail, der Pacific Crest Trail und 50 weitere nationale landschaftliche und historische Wanderwege. Er führt durch verschiedenste Landschaften, darunter Städte, Dörfer, Wälder, Berge und Wüsten. Der ADT befindet sich noch in der Entwicklungsphase, und das endgültige Ziel ist es, einen komplett straßenunabhängigen Weg zu schaffen. Die Begehung des gesamten ADT dauert etwa ein Jahr.

Chapter 4

Ungeklärte Naturereignisse und Mysterien

4.1 Das Taos-Brummen: Ein Geräusch, das Menschen in den Wahnsinn treibt

- Das Taos-Brummen ist ein mysteriöses Geräusch, das Bewohner von Taos, New Mexico, seit Anfang der 1990er Jahre gehört haben wollen. Menschen, die den Taos-Brumms hören, beschreiben ihn auf unterschiedliche Weise, z. B. als ein leises Rumpeln oder Brummen, das dem Leerlauf eines Dieselmotors ähnelt, als ein schwaches Zischen oder Summen, das an eine Zikade erinnert, oder als ein Surren oder Brummen. Manche beschreiben es auch als ein pulsierendes Geräusch, ein Brummen wie bei einem Transformator, ein Dröhnen wie bei einem Propellerflugzeug und ein tuckerndes Geräusch wie bei einem Fischerboot. Manche sagen, das Geräusch sei in Innenräumen lauter, vor allem nachts, und es scheine aus dem Nichts zu kommen. Andere sagen, das Geräusch ändere seine Tonhöhe nicht und sei nur in ruhiger Umgebung zu hören. Das Brummen wird Berichten zufolge mit Schwindel, Kopfschmerzen, Übelkeit, Nasenbluten und Durchfall in Verbindung gebracht.

- Der Ursprung des Taos-Brumms ist nach wie vor unbekannt. Wissenschaftler haben viele Theorien aufgestellt, aber keine von ihnen kann das Brummen vollständig erklären. Einige führen es auf Tinnitus oder andere biologische Höreffekte zurück. Andere glauben, dass das Brummen durch seismische Aktivitäten oder nahe gelegene militärische Tests der USA verursacht wird. Eine andere Theorie besagt, dass das Brummen von lokalen mechanischen Quellen, wie z. B. Industrieanlagen, herrühren könnte. Einige glauben, das Brummen sei eine Form von psychogener Massenkrankheit, auch bekannt als Massenhysterie. Lokale Legenden führen das Brummen auf unheimlichere Ursachen zurück, wie etwa bekiffte Hippies, geheime Experimente der Regierung zur Bewusstseinskontrolle oder unterirdische UFO-Basen. Eine Gruppe von Experten der Universität von New Mexico, des Los Alamos National Laboratory, des Philips Air Force Laboratory und der Sandia National Laboratories untersuchte das Taos-Brummen 1993, kam aber zu keinem eindeutigen Ergebnis.

4.2 Das Bermuda-Dreieck: Mysteriöses Verschwinden von Schiffen und Flugzeugen

- Das Bermuda-Dreieck ist eine grob definierte, dreieckige Region im westlichen Nordatlantik. Über seine genauen Grenzen herrscht keine Einigkeit, aber man geht allgemein davon aus, dass es von der südöstlichen Küste der USA, den Bermudas und den Großen Antillen begrenzt wird. Das Gebiet ist bekannt für das mysteriöse Verschwinden von Schiffen und Flugzeugen. Zu den berühmten Flugzeugen und Schiffen, die im Bermudadreieck verschwunden sind, gehören:

- Das Verschwinden von Flug 19. Am 5. Dezember 1945 starteten fünf TBM Avenger-Torpedobomber der US-Navy mit 14 Besatzungsmitgliedern von der Naval Air Station Fort Lauderdale, Florida, zu einem Übungsflug zu den Bahamas. Der Auftrag des Fluges bestand darin, Bombenangriffe auf ein gesunkenes Schiff zu üben. Nach Abschluss der Bombenangriffe kam es zu einer Fehlfunktion des Kompasses, und die Besatzung verlor die Orientierung. Die Flotte verbrachte die nächsten 3,5 Stunden mit der Suche nach der Küstenlinie, bevor der Kontakt verloren ging. Ein Flugboot des Typs Martin PBM Mariner wurde sofort losgeschickt, um nach dem vermissten Flugzeug zu suchen, doch auch es verschwand mit seinen 13 Besatzungsmitgliedern. Der offizielle Bericht der Marine kam zu dem Schluss, dass der Führer des Fluges, Leutnant Charles C. Taylor, kleine Inseln mit den Florida Keys verwechselt hatte, nachdem sein Kompass nicht richtig funktionierte. Die Ursache für die Fehlfunktion des Kompasses bleibt unbekannt.

- Das Verschwinden der USS Cyclops. Die USS Cyclops war ein Schiff des Ersten Weltkriegs und das größte Schiff der Marine zu dieser Zeit. Dieses riesige Schiff beförderte 306 Besatzungsmitglieder und Passagiere sowie eine schwere Ladung Manganerz. Es verschwand am 3. März 1918 auf der Fahrt von Barbados nach Baltimore. Das Schiff, das am 13. März 1918 in Baltimore eintreffen sollte, erreichte sein Ziel nicht. Sein letzter bekannter Aufenthaltsort war Barbados, wo es spurlos verschwand. Die letzte bekannte Nachricht lautete: "Wetter schön, alles gut". Das Schiff sendete vor seinem Verschwinden kein SOS aus, was darauf hindeutet, dass es sich nicht in einer Notlage befand, und es wurde nie eine weitere Nachricht empfangen. Das Wrack der Cyclops wurde nie gefunden, und am 1. Juni 1918 erklärte der stellvertretende Marineminister Franklin D. Roosevelt das Schiff für verschollen und alle Besatzungsmitglieder für tot. Einige behaupteten, ein deutsches U-Boot oder ein Raider habe das Schiff versenkt, aber die deutschen Behörden bestritten damals jede Kenntnis davon. Andere vermuten, dass das Bermuda-Dreieck, strukturelles Versagen aufgrund der schweren Ladung des Schiffes oder eine unerklärliche Explosion dafür verantwortlich war. Das Schicksal der Cyclops und die Ursache ihres Untergangs bleiben ein völliges Rätsel.

- Das Verschwinden der Witchcraft. Am 22. Dezember 1967 verschwand ein 23-Fuß-Kabinenkreuzer namens *Witchcraft* auf mysteriöse Weise vor der Küste Floridas. Der Besitzer, Daniel S. Burack, ein Hotelmagnat und erfahrener Segler, hatte Pfarrer Padraig Horgan zu einer kurzen Kreuzfahrt eingeladen, um die Weihnachtsbeleuchtung an der Küste Floridas zu betrachten. Gegen 21 Uhr sandte Burack ein Notsignal aus und meldete, dass die *Witchcraft* auf etwas unter Wasser gestoßen sei, aber nicht unmittelbar zu sinken drohe. Die Küstenwache reagierte innerhalb von 19 Minuten auf die letzte gemeldete Position des Schiffes in der Nähe der Boje Nr. 7 im Hafen von Miami, aber das Schiff, Burack und Horgan waren verschwunden. Trotz einer umfangreichen Suche, die sich über 2 4.500 Quadratmeilen erstreckte, darunter auch Gebiete des Bermudadreiecks, wurde keine Spur des Bootes oder seiner Passagiere gefunden. *Die Witchcraft* war mit Schwimmhilfen ausgestattet, die ein Sinken hätten verhindern sollen, was das Verschwinden des Schiffes noch rätselhafter machte. Dieses Ereignis ist auch Jahrzehnte später noch ungeklärt. Einige Theorien besagen, dass Wirbel, die Objekte in andere Dimensionen saugen, ozeanische Blähungen oder Störungen der geomagnetischen Flusslinien für das Verschwinden des Schiffes verantwortlich waren, während andere behaupten, dass Außerirdische das Schiff in eine andere Dimension des Raums gebracht haben. Die genaue Ursache für das Verschwinden der Witchcraft bleibt ein Rätsel.

- Trotz dieser bekannten Vorfälle glauben andere Menschen, dass die Verbindung zwischen dem Bermuda-Dreieck und mysteriösen Verschwinden eine urbane Legende ist. Das Gebiet wird täglich von Menschen befahren, ohne dass es zu Zwischenfällen kommt, und es gibt keine Beweise dafür, dass mysteriöses Verschwinden dort häufiger vorkommt als in anderen gut befahrenen Gebieten des Ozeans. Was ist Ihre Meinung?

4.3 Kugelblitz: Ein geheimnisvolles schwebendes Licht

- Kugelblitze sind ein seltenes, mysteriöses und kaum verstandenes Naturphänomen. Er wird oft als leuchtender Ball beschrieben, der über dem Boden schwebt oder unregelmäßig umherschwebt und manchmal rauchige Spuren hinterlässt. Kugelblitze dauern in der Regel nur wenige Sekunden und werden oft von einem zischenden Geräusch und einem deutlichen Geruch begleitet. Tausende von Menschen, darunter Bauern im Mittelalter und Zar Nikolaus II., haben von Kugelblitzen berichtet, und es ist sogar bekannt, dass sie Schäden durch Verbrennen oder Schmelzen verursachen können. Einige berühmte Fälle von Kugelblitzen sind:

- Der Tod von Georg Richmann. Georg Wilhelm Richmann, ein deutsch-baltischer Physiker, wurde am 6. August 1753 bei einem elektrischen Experiment durch einen Kugelblitz getötet. Er versuchte, die Reaktion eines isolierten Stabes auf ein nahes Gewitter zu messen. Während des Gewitters sprang ein Blitz von der Stange und traf Richmann an der Stirn, was ihn sofort tötete. Der Vorfall verursachte auch eine Explosion, die Richmanns Graviergerät zerstörte, den Türrahmen spaltete und die Tür aus den Angeln riss. Man geht davon aus, dass Richmanns Tod das erste bekannte Todesopfer eines Kugelblitzes und der erste bekannte Fall ist, bei dem jemand bei der Durchführung elektrischer Experimente ums Leben kam.

- An einem Tag im Juni 1841 um 18 Uhr Ortszeit wurde Lorenzo Butti, ein Marinemaler der Kaiserin von Österreich, durch Schreckensrufe von der Corsa dei Servi (Hauptstraße, heute Corso Vittorio Emanuele II) im Zentrum von Mailand, Italien, alarmiert. Es gab ein schweres Gewitter, und Butti schaute aus dem Fenster und sah Menschen, die im Regen vor einem rot-gelben Blitz flüchteten. Er flog in Höhe des zweiten Stocks, stieg höher, krachte dann in ein Kirchturmkreuz und explodierte. Butti schrieb dem Physiker Arago über sein Erlebnis.

- In den 1960er Jahren wurde die Besatzung eines C-133A-Frachtflugzeugs, das zwischen Kalifornien und Hawaii flog, Zeuge eines Kugelblitzes. Vorausgegangen war ein Elmsfeuer, eine elektrische Entladung, die durch die statische Elektrizität der Flugzeugbewegung in der Luft verursacht wurde. Der Kugelblitz bildete sich über der mittleren Metalltrennwand zwischen den Glasscheiben des Pilotenfensters und schwebte langsam nach unten ins Cockpit. Dann drehte er sich nach links in Richtung der Tür zum Mannschaftsraum, bevor er sich nach rechts zum Sitz des Lademeisters bewegte. Alle fünf Besatzungsmitglieder waren Zeugen des Ereignisses und bestätigten, dass sie dasselbe gesehen hatten. Der Ingenieur und der Lademeister durchsuchten das Flugzeug, fanden aber keine Schäden. Das Flugzeug befand sich in einer nebelähnlichen Wolkendecke, ohne Turbulenzen. Außerhalb des Flugzeugs wurden keine Blitze gesehen, und das Radar zeigte keine Wolken an.

- Wissenschaftlern ist es bisher nicht gelungen, Kugelblitze unter Laborbedingungen zu erzeugen. Zu den vorherrschenden Theorien gehört die Silizium-Hypothese, die besagt, dass beim Auftreffen des Blitzes auf siliziumreichen Boden eine chemische Reaktion stattfindet, die einen leuchtenden Ball erzeugt. Alternativ dazu geht die Maser-Soliton-Theorie davon aus, dass Kugelblitze im Freien durch einen atmosphärischen Maser verursacht werden, ein Phänomen, das einem Laser ähnelt, aber auf einem viel niedrigeren Energieniveau arbeitet. Die genaue Ursache von Kugelblitzen bleibt ein Rätsel.

4.4 Das Tunguska-Ereignis: Der größte aufgezeichnete Einschlag der Geschichte

- Am 30. Juni 1908 ereignete sich in Sibirien, Russland, eine gewaltige Explosion. Die Explosion entsprach schätzungsweise einer Sprengkraft von 10-40 Megatonnen TNT und war damit tausendmal stärker als die Atombombe von Hiroshima. Die Explosion ereignete sich in der ostsibirischen Taiga, in der Nähe des Flusses Podkamennaya Tunguska, und walzte schätzungsweise 80 Millionen Bäume auf einer Fläche von 2.150 Quadratkilometern nieder. Sie erzeugte eine gewaltige Schockwelle, die bis zu 620 Meilen (1.000 Kilometer) weit zu hören war, und registrierte seismische Schockwellen, die bis nach England reichten. Außerdem erzeugte die Explosion ein helles Leuchten, das den Himmel über Sibirien und Teilen Europas erhellte. Augenzeugen berichteten, dass sie ein blendendes Licht sahen, einen donnernden Lärm hörten und eine starke Hitze spürten, die ihre

Haut verbrannte. Die einzigen Überreste des zerbrochenen Objekts waren einige winzige Fragmente, die jeweils weniger als einen Millimeter groß waren. Die Ursache der Explosion ist nach wie vor unbekannt, und es gibt kaum Hinweise auf ihren Ursprung. Die vorherrschende Theorie deutet auf einen Asteroiden oder Kometen hin; es wurden jedoch keine Krater oder Meteoritenreste gefunden. Wissenschaftler gehen davon aus, dass das Objekt in einer Höhe von 5-10 Kilometern (3-6 Meilen) in der Atmosphäre explodierte und dabei einen Luftzerfall verursachte.

- Am 15. Februar 2013 explodierte ein Meteor über Tscheljabinsk, Russland, und lieferte Forschern neue Erkenntnisse über das Tunguska-Ereignis von 1908. Anhand von modernen Computermodellen, Videoaufnahmen und Schadenskarten stellten die Wissenschaftler fest, dass der Meteor von Tscheljabinsk ein steiniger Asteroid von der Größe eines fünfstöckigen Gebäudes war. Er brach 15 Meilen (24 Kilometer) über dem Boden auseinander und erzeugte eine Schockwelle, die einer Explosion von 550 Kilotonnen entspricht. Diese Explosion zertrümmerte eine Million Fensterscheiben und verletzte über tausend Menschen, war aber nicht stark genug, um Bäume oder Gebäude umzustürzen. Wissenschaftler schätzen, dass Einschläge dieser Art etwa alle 10 bis 100 Jahre auftreten. Das Ereignis von Tscheljabinsk hilft uns zu verstehen, was am Tag der Tunguska-Explosion passiert sein könnte.

4.5 Hessdalen Lights: Die geheimnisvollsten Lichter der Erde

- Die Hessdalen-Lichter sind ein Phänomen, das mindestens seit den 1930er Jahren im Hessdalen-Tal beobachtet wird. Die Lichter können in verschiedenen Farben erscheinen, darunter weiß, gelb und rot. Sie können sowohl über als auch unter dem Horizont erscheinen und durch und über dem Tal schweben. Die Lichter können für einige Sekunden bis zu über einer Stunde erscheinen und sich mit unterschiedlichen Geschwindigkeiten bewegen, von extrem schnell bis zu einer langsamen, schwankenden Bewegung. Sie können auch in der Luft schweben. Zwischen 1981 und 1984 war die Aktivität besonders hoch: 15-20 Mal pro Woche wurden sie gesichtet. Seitdem ist die Zahl der Sichtungen zurückgegangen. Es wurden mehrere Projekte zur Untersuchung der Lichter ins Leben gerufen, darunter "Projekt Hessdalen" und "The Triangle Project". Die automatische Messstation Hessdalen (Hessdalen AMS) wurde 1998 zur Aufzeichnung der Lichter eingerichtet.

- Trotz der Untersuchungen der Wissenschaftler ist der Ursprung der mysteriösen Lichter nach wie vor unbekannt. Eine aktuelle Studie legt nahe, dass das Phänomen auf die Verbrennung von Staub aus dem Bergbau in der Region zurückzuführen sein könnte, da Hessdalen über große Scandiumvorkommen verfügt. Bei der Analyse wurden Wasserstoff, Sauerstoff und andere Elemente, darunter Titan, in den Lichtern nachgewiesen. Der genaue Mechanismus, der hinter diesem Phänomen steckt, ist jedoch noch nicht vollständig geklärt.

4.6 Das Verschwinden des Anjikuni-Sees: Das ungelöste Verschwinden eines Inuit-Dorfes

- An einem kalten Novembertag im Jahr 1930 kam der Pelztierjäger Joe Labelle in einem Inuit-Dorf in der Nähe des Anjikuni-Sees in Manitoba, Kanada, an und erwartete als häufiger Besucher einen herzlichen Empfang. Er fand das Dorf jedoch verlassen vor: Die Zelte standen noch, das Essen kochte über dem Feuer und persönliche Gegenstände wie unfertige Kleidung waren zurückgelassen worden, was auf eine überstürzte Abreise schließen ließ. Ein frisch ausgehobenes Grab war offenbar gestört, und mehrere Schlittenhunde wurden tot aufgefunden, was das Rätsel noch vergrößerte. Trotz der Durchsuchungen durch die North-West Mounted Police wurden weder Leichen noch Hinweise auf den Verbleib der Dorfbewohner gefunden. Außerdem fand das Suchteam trotz des plötzlichen Verschwindens keine Anzeichen von Kämpfen oder Gewalt im Dorf. Mitglieder der Royal Canadian Mounted Police (RCMP) berichteten jedoch, dass sie während ihrer Suche pulsierende Lichter am Himmel über dem Anjikuni-See gesehen hätten, was UFO-Enthusiasten zu der Vermutung veranlasste, die Dorfbewohner könnten von Außerirdischen entführt worden sein. Die Geschichte erlangte große Aufmerksamkeit, nachdem der Journalist Emmett E. Kelleher in der Zeitung Danville Bee darüber berichtet hatte, und sie wurde später in Büchern wie Frank Edwards' "Stranger than Science" behandelt. Einige Leute beschuldigten Kelleher, Details zu beschönigen, und aus Mangel an Beweisen stellte die RCMP den Fall 1931 ein.

4.7 Die Mary Celeste: Das Geisterschiff

- Die Mary Celeste war ein in Kanada gebautes und in den USA registriertes Schiff, das 1872 verlassen im Atlantischen Ozean entdeckt wurde. Das Schicksal der

10-köpfigen Besatzung, die verschwunden ist, bleibt eines der dauerhaftesten maritimen Rätsel. Die Mary Celeste wurde 1861 in Kanada gebaut und trug ursprünglich den Namen Amazonas. Später wurde sie an einen Amerikaner verkauft und erfuhr mehrere bauliche Veränderungen. Am 7. November 1872 stach die Mary Celeste mit 1.701 Fässern Alkohol an Bord von New York City aus in Richtung Genua (Italien) in See. Kapitän Benjamin Briggs, seine Frau Sarah und die zweijährige Tochter Sophia waren an Bord, aber der siebenjährige Sohn Arthur blieb in New York zurück. Am 4. Dezember 1872 fand die kanadische Brigantine Dei Gratia die Mary Celeste treibend im Atlantik. Das Schiff war unbeschädigt, seetüchtig und teilweise noch unter Segel. Die Ladung von 1.701 Fässern vergällten Alkohols war unversehrt, aber die Besatzung und ihr Rettungsboot fehlten. Das Logbuch des Schiffes war 10 Tage vor der Entdeckung zum letzten Mal geführt worden, und das Schiff war noch gut versorgt. Zu den Theorien über das Verschwinden der Besatzung gehört, dass Kohlenstaub und Bauschutt die Schiffspumpen verunreinigt haben oder dass Kapitän Briggs das Schiff wegen der Unsicherheit über seine Seetüchtigkeit verlassen hat. Andere Theorien besagen, dass es sich um einen Fehlalarm handelte, der zu einer unnötigen Evakuierung führte, um eine durch Alkoholdämpfe verursachte Explosion, um eine Wasserhose, die die Mannschaft über Bord spülte, oder um einen Piratenangriff. Obwohl wissenschaftliche Untersuchungen die Explosionstheorie favorisieren, die die Besatzung zum Verlassen des Schiffes gezwungen hätte, wird das Rätsel der Mary Celeste wahrscheinlich nie vollständig gelöst werden.

4.8 Erdbeben Lichter: Mysteriöse Lichter, die das Beben begleiten

- Erdbebenlichter, auch bekannt als Erdbebenblitze, sind leuchtende optische Phänomene, die vor, während oder in der Nähe eines Erdbebens am Himmel erscheinen können. Sie können auch bei Vulkanausbrüchen oder tektonischen Spannungen auftreten. Erdbebenblitze treten kurz vor oder während eines seismischen Ereignisses auf, bis zu 600 km vom Epizentrum des Bebens entfernt und auf oder in der Nähe von Grabenbrüchen. Sie können als Lichtkugeln, Flächenblitze, Luftschlangen, gleichmäßiges Glühen oder bläuliche Flammen auftreten. Sie können auch hellen Blitzen ähneln, die vom Boden ausgehen und bis zu 200 Meter weit reichen. Erdbebenlichter sind in der Regel weiß bis bläulich, können aber auch ein breiteres Farbspektrum umfassen. Sie können von einem Bruchteil einer Sekunde bis zu zehn Minuten dauern. Am häufigsten sind sie in Italien, Griechenland, Frankreich, Deutschland, China und Teilen Südamerikas zu beobachten. Im Folgenden finden Sie einige Beispiele für große Erdbeben, die von Erdbebenlichtern begleitet wurden:

- Am 15. August 2007 erleuchteten helle Lichtblitze den Himmel vor dem Erdbeben der Stärke 8,0 in Pisco, Peru. Sicherheitskameras und seismische Aufzeichnungen zeichneten den genauen Zeitpunkt und Ort der Lichtblitze auf. Am 6. April 2009 flackerten vor dem Erdbeben der Stärke 6,3 in L'Aquila (Italien) fünf Zentimeter hohe Lichtflammen über einer Steinstraße auf. Am 7. September 2021 erhellten blaue Lichter, die wie Blitze aussahen, den Nachthimmel während des Erdbebens der Stärke 7,0 in Acapulco, Mexiko. Am 6. Februar 2023 erschienen während des Erdbebens der Stärke 7,8 in der Türkei und in Syrien kontinuierlich mehrere Lichter. Während des Marrakesch-Safi-Erdbebens der Stärke 6,9 im Jahr 2023 in Marokko wurden während des gesamten Bebens blaue Lichtblitze gesehen.

- Einige vermuten, dass Erdbebenlichter durch tektonische Spannungen verursacht werden, die Sauerstoffatome im Gestein aufspalten, die dann zur Oberfläche strömen und Lufttaschen ionisieren, wodurch ein geladenes Gas entsteht. Es besteht jedoch kein breiter Konsens über die Ursache von Erdbebenlichtern. Einige Wissenschaftler bezweifeln die Gültigkeit der Berichte, während andere glauben, dass zumindest einige Berichte plausibel mit Erdbebenlichtern zusammenhängen. Einige Berichte wurden sogar mit elektrischen Lichtbögen von erschütternden Stromleitungen in Verbindung gebracht.

4.9 Die unerklärten Wälder

- Der Krumme Wald in Polen ist ein Hain von 400 Kiefern im Dorf Nowe Czarnowo, in der Nähe der Stadt Gryfino in Westpommern, Polen. Die Bäume sind an ihrer Basis in einem 90-Grad-Winkel gebogen, so dass sie eine J-Form bilden, bevor sie sich zurückbiegen und gerade nach oben wachsen. Trotz ihrer ungewöhnlichen Krümmung sind die Bäume meist gesund und werden bis zu 15 Meter hoch. Die Bäume sind ein geschütztes Naturdenkmal und eine beliebte Touristenattraktion. Es gibt viele Theorien darüber, wie die Bäume ihre einzigartige Form erhalten haben. Einige glauben, dass die Förster die Bäume absichtlich gebogen haben, um gekrümmtes Holz für den Möbel- oder Bootsbau zu erhalten. Andere vermuten, dass schwerer Schnee oder die Schwerkraft die Bäume während ihres Wachstums beschwert haben. Einige Theorien besagen sogar, dass das Wachstum der Bäume das Ergebnis einer genetischen Mutation oder einer UFO-Landung sein könnte. Trotz zahlreicher Hypothesen konnte das Rätsel des Krummwaldes nie endgültig gelöst werden.

- Der Tanzende Wald in Russland ist ein Kiefernwald in der Oblast Kaliningrad, Russland, der sich auf der Kruglaya-Düne auf der Kurischen Nehrung zwischen der Ostsee und dem Kurischen Haff befindet. Er ist bekannt für seine ungewöhnlich verdrehten Bäume, die in Formen wie Ringe, Herzen und Spiralen gebogen sind. Die genaue Ursache für die Verformung der Bäume ist nicht bekannt, aber einige mögliche Erklärungen sind Raupenaktivität, die geomagnetischen Felder des Gebiets und menschliche Manipulation. Eine lokale Legende besagt, dass die Bäume zum Tanzen gebracht wurden, um die Macht des christlichen Gottes zu beweisen. Der tanzende Wald ist zu einer beliebten Quelle der Hoffnung geworden, denn manche glauben, dass das Durchschreiten eines der Ringe das Leben eines Menschen um ein Jahr verlängern oder einen Wunsch erfüllen kann.

Chapter 5

Das faszinierende Universum

5.1 Die Wunder der Schwerkraft

- Die Schwerkraft ist eine grundlegende Kraft, die das Universum formt. Sie ist die Hauptkraft, die die Form der Objekte im Universum bestimmt und die Materie zu Kugeln zusammenzieht. Aus diesem Grund sind Planeten, Sterne und andere große Objekte rund.

- Die Schwerkraft ist die schwächste der vier Grundkräfte (Schwerkraft, Elektromagnetismus, starke Kernkraft und schwache Kernkraft) im Universum. Ein kleiner Magnet kann zum Beispiel die Anziehungskraft der gesamten Erde überwinden, um eine Büroklammer anzuheben. Die Schwerkraft hat jedoch eine unendliche Reichweite und spielt eine entscheidende Rolle bei der Entstehung der Struktur des Universums.

- Während die Masse, eine grundlegende Eigenschaft der Materie, unabhängig von Ort und Schwerkraft konstant bleibt, kann das Gewicht unter verschiedenen Schwerkräften variieren. Ein 100 Kilogramm schweres Kalibrierungsgewicht hätte beispielsweise auf der Erde und auf dem Mars die gleiche Masse, würde aber auf der Erde 100 Kilogramm und auf dem Mars nur 37,7 Kilogramm wiegen.

- Nach Einsteins allgemeiner Relativitätstheorie bewegt sich die Schwerkraft mit Lichtgeschwindigkeit fort, d. h. mit etwa 186.282 Meilen pro Sekunde (299.792 Kilometer pro Sekunde). Würde die Sonne plötzlich verschwinden, würde es 8

Minuten dauern, bis die Erde den Verlust ihrer Anziehungskraft zu spüren bekäme - das ist die gleiche Zeit, die das Sonnenlicht braucht, um uns zu erreichen.

- Gravitationswellen sind Wellen in der Raumzeit, die durch einige der energiereichsten und gewalttätigsten Ereignisse im Universum verursacht werden, z. B. durch kollidierende Schwarze Löcher, kollidierende Neutronensterne oder Supernovae (massive Sterne, die am Ende ihres Lebens explodieren). Für das menschliche Auge unsichtbar, bewegen sich Gravitationswellen, wie die Schwerkraft selbst, mit Lichtgeschwindigkeit (186.282 Meilen pro Sekunde oder 299.792 Kilometer pro Sekunde) und quetschen und dehnen alles, was sich auf ihrem Weg ausbreitet. Sie können Materie durchdringen, ohne gestreut oder behindert zu werden, und enthalten wertvolle Informationen über die Objekte und Ereignisse, die sie verursacht haben. Wissenschaftler können Gravitationswellen nutzen, um die Ursprünge des Universums zu erforschen.

5.2 Die faszinierende Natur der Zeit: Ist sie eine Illusion?

- Obwohl die Zeit linear zu verlaufen scheint, können wir tatsächlich Licht aus der Vergangenheit sehen, weil Licht Zeit braucht, um zur Erde zu gelangen. Je weiter ein Objekt entfernt ist, desto länger braucht sein Licht, um uns zu erreichen, was bedeutet, dass das Licht bei seiner Ankunft älter ist. Der kosmische Mikrowellenhintergrund zum Beispiel, das am weitesten entfernte Licht, das wir sehen können, ist die Reststrahlung des Urknalls, der vor etwa 13,8 Milliarden Jahren stattfand. Wir sehen die Sonne so, wie sie vor etwa 8 Minuten war, denn so lange dauert es, bis das Sonnenlicht die Erde erreicht. In ähnlicher Weise sehen wir den Jupiter, wie er vor etwa 48 Minuten war, und die Wega, wie sie vor 25 Jahren war. Sterne im Umkreis von 4.000 Lichtjahren von uns erscheinen so, wie sie vor bis zu 4.000 Jahren waren. Es ist sogar möglich, dass einige Sterne, die wir heute sehen, nicht mehr existieren, da ihr Licht Jahre gebraucht hat, um uns zu erreichen.

- Ein Beobachter in Bewegung erlebt die Zeit langsamer als ein stationärer Beobachter. So altern beispielsweise Astronauten auf der Internationalen Raumstation (ISS), die sich mit einer Geschwindigkeit von etwa 28.000 Kilometern pro Stunde bewegt, pro 30 Minuten, die sie im Weltraum verbringen, 0,007 Sekunden langsamer als Menschen auf der Erde. Wenn Sie also länger jung bleiben wollen, sollten Sie interstellare Reisen in Betracht ziehen!

- Wenn wir mit Lichtgeschwindigkeit zu einem 10 Lichtjahre entfernten Stern reisen würden, würde die Zeit scheinbar stehen bleiben. Mit anderen Worten, die Reise würde sich für uns fast wie ein Augenblick anfühlen, während auf der Erde 10 Jahre verstrichen wären. Wenn wir uns jedoch der Lichtgeschwindigkeit nähern, nimmt unsere Masse erheblich zu und nähert sich schließlich der Unendlichkeit. Da die Energie, die für unseren Antrieb benötigt wird, ebenfalls unendlich wird, können wir die Lichtgeschwindigkeit nie wirklich erreichen.

- Im Jahr 2000 schlug der ehemalige Physikprofessor der University of Connecticut, Ronald Mallett, vor, dass ein Ringlaser die Raumzeit ausreichend krümmen könnte, um Zeitreisen zu ermöglichen. Ein Ringlaser, der durch die Erzeugung eines kontinuierlichen, rotierenden Lichtstrahls entsteht, könnte durch sein konzentriertes, rotierendes Licht theoretisch ein Gravitationsfeld erzeugen, das einem Schwarzen Loch ähnelt. Dieses Feld könnte theoretisch Zeitschleifen oder "geschlossene zeitähnliche Kurven" erzeugen, die eine Reise in die Vergangenheit ermöglichen. Mallett begann 2019 mit der Erprobung dieser Idee, hat seine Hypothese aber noch nicht bewiesen.

5.3 Die rätselhaften Schwarzen Löcher

- Schwarze Löcher sind Regionen im Weltraum, in denen die Schwerkraft so stark ist, dass sie die Raumzeit verformt und selbst das Licht am Entweichen hindert. Diese unglaublich dichten Objekte vereinen eine enorme Masse in einem winzigen Volumen. Schwarze Löcher bilden sich oft, wenn massereiche Sterne am Ende ihres Lebenszyklus kollabieren.

- Schwarze Löcher reichen von der Größe eines Atoms bis zum Millionenfachen der Sonnenmasse. Es gibt mindestens drei Arten von Schwarzen Löchern: 1) Primordiale Schwarze Löcher, von denen man annimmt, dass sie in den ersten Momenten nach dem Urknall entstanden sind. Sie können so klein wie ein Atom sein, haben aber die Masse eines großen Berges. 2) Stellare Schwarze Löcher. Sie entstanden durch den Kollaps massereicher Sterne, die bis zu 20-mal so schwer sein können wie die Sonne. 3) Supermassive Schwarze Löcher. Sie sind die größten mit der millionen- oder milliardenfachen Masse der Sonne. Sie befinden sich im Zentrum der meisten großen Galaxien, einschließlich unserer eigenen Milchstraße, die ein supermassives Schwarzes Loch Sagittarius A* mit einer Masse von etwa 4,3 Millionen Sonnen beherbergt. Das größte bekannte Schwarze Loch im Universum ist TON 618, das etwa 40 Milliarden Mal so schwer ist wie unsere Sonne und 10

Milliarden Lichtjahre von der Erde entfernt liegt.

- Die Größe des Ereignishorizonts eines Schwarzen Lochs, auch Schwarzschildradius genannt, ist direkt proportional zu seiner Masse. Würde die Erde zu einem Schwarzen Loch zusammengedrückt, hätte ihr Ereignishorizont ungefähr die Größe einer Murmel (0,2 bis 0,8 Zoll oder 0,5 bis 2 Zentimeter Durchmesser).

- Schwarze Löcher können zu einem einzigen, größeren schwarzen Loch verschmelzen. Dieser Prozess ist extrem heftig und setzt eine enorme Energiemenge frei. Die Kollision erzeugt Wellen im Gewebe der Raumzeit, die als Gravitationswellen bekannt sind. Im Jahr 2015 beobachteten Wissenschaftler mit dem LIGO-Detektor zum ersten Mal die Verschmelzung von binären schwarzen Löchern mit stellarer Masse. Bei dieser Verschmelzung entstand ein Schwarzes Loch mit einer Masse, die etwa 62-mal so groß ist wie die der Sonne.

- Wenn Sie in ein schwarzes Loch fallen würden, würden Sie eine "Spaghettifizierung" erleben - Ihr Körper würde aufgrund der immensen Anziehungskraft zu einem langen, dünnen Strang gedehnt werden. Der Teil Ihres Körpers, der sich näher am Schwarzen Loch befindet, würde eine wesentlich stärkere Kraft erfahren als der weiter entfernte Teil, so dass Sie im Grunde genommen auseinandergerissen würden, noch bevor Sie den Ereignishorizont (den Punkt ohne Wiederkehr) erreichen. Aufgrund der gravitationsbedingten Zeitdilatation würde sich die Zeit für Sie im Vergleich zu einem außenstehenden Beobachter verlangsamen, während Sie sich dem Schwarzen Loch nähern. Einem Beobachter, der Sie beim Sturz in das Schwarze Loch beobachtet, würden Sie mit zunehmender Annäherung an den Ereignishorizont zunehmend rotverschoben und schwächer erscheinen und schließlich aus dem Blickfeld verschwinden.

- Wissenschaftler schätzen, dass es in der Milchstraßengalaxie etwa 100 Millionen Schwarze Löcher gibt, aber nur ein paar Dutzend identifiziert worden sind. Diese Diskrepanz ist darauf zurückzuführen, dass Schwarze Löcher von Natur aus schwer zu entdecken sind, da sie kein Licht aussenden. Astronomen können Schwarze Löcher jedoch nachweisen, indem sie die Ablenkung des Sternenlichts in der Nähe des Gravitationsfeldes eines Schwarzen Lochs beobachten. Das der Erde am nächsten gelegene bekannte Schwarze Loch ist Gaia BH1, das 1 560 Lichtjahre entfernt ist.

5.4 Dunkle Materie und dunkle Energie: Das Universum ist für uns größtenteils dunkel

- Dunkle Materie ist unsichtbar, weil sie nicht mit Licht oder anderen Formen elektromagnetischer Strahlung interagiert. Das bedeutet, dass sie kein Licht absorbiert, reflektiert oder aussendet und somit für uns nicht nachweisbar (also "dunkel") ist. Dunkle Materie hat jedoch Gravitationskräfte, und ihre Schwerkraft beeinflusst die Bewegung von Galaxien und Sternen; daher wissen wir, dass sie existiert.

- Die dunkle Materie macht mehr als 80 % der Gesamtmasse des Universums aus. Obwohl sie unsichtbar ist, wirkt die dunkle Materie wie ein Klebstoff und spielt eine Schlüsselrolle bei der Bildung und Verteilung von Galaxien. Ohne dunkle Materie würden die Galaxien aufgrund der Geschwindigkeit, mit der sie sich bewegen, auseinanderfliegen.

- Dunkle Materie besteht im Gegensatz zu normaler Materie, wie z. B. Sternen und Planeten, nicht aus Atomen. Wissenschaftler vermuten, dass die dunkle Materie aus noch zu entdeckenden subatomaren Teilchen besteht, obwohl ihre genaue Zusammensetzung ein Rätsel bleibt.

- Die dunkle Energie ist eine geheimnisvolle Kraft, die die beschleunigte Ausdehnung des Universums vorantreibt, die Galaxien auseinandertreibt und diese Ausdehnung vorantreibt. Sie wird manchmal auch als "Anti-Schwerkraft" bezeichnet, weil sie der Schwerkraft entgegenwirkt, die Galaxien zusammenzieht.

- Die dunkle Energie macht etwa 68 % des gesamten Energiegehalts des Universums aus. Sie ist gleichmäßig über das gesamte Universum verteilt, sowohl in Raum als auch in Zeit. Diese gleichmäßige Verteilung bedeutet, dass sie das Universum als Ganzes beeinflusst.

- Obwohl dunkle Energie und dunkle Materie beide unsichtbar sind, haben sie unterschiedliche Auswirkungen auf das Universum. Die dunkle Materie zieht die Galaxien zusammen, während die dunkle Energie sie auseinander treibt.

- Dunkle Energie und dunkle Materie machen zusammen den größten Teil des Universums aus, etwa 95 %. Nur etwa 5 % des Universums sind die "normale" Materie, aus der Sterne, Galaxien und Planeten bestehen. Für uns ist das Universum größtenteils dunkel!

5.5 Die Faszination des Nachthimmels: Ein genauerer Blick

- Es gibt etwa 9.000 sichtbare Sterne am Nachthimmel, und in einer mondlosen Nacht mit minimaler Lichtverschmutzung durch Städte kann das bloße Auge etwa 5.000 bis 6.000 von ihnen sehen. Diese Sterne sind in der Regel nicht weiter als 10.000 Lichtjahre entfernt (ein Lichtjahr ist die Entfernung, die das Licht in einem Jahr zurücklegt, also 5,879 Billionen Meilen), und die meisten Sterne sind noch am Leben, wenn ihr Licht die Erde erreicht. Zum Vergleich: In unserer Milchstraßengalaxie gibt es etwa 100 Milliarden Sterne, und Astronomen schätzen, dass es im beobachtbaren Universum etwa 200 Milliarden Billionen Sterne gibt!

- Mit einem kleinen Teleskop, das in der Lage ist, schwächere Sterne zu erkennen (z. B. Sterne der Größenklasse 10; je größer die Zahl, desto schwächer der Stern, und das menschliche Auge kann bis zur Größenklasse 6 sehen), können wir über 140 000 Sterne am Nachthimmel sehen. Einige dieser Sterne sind so weit von der Erde entfernt, dass sie bereits erloschen sein könnten, wenn ihr Licht uns erreicht.

- Sterne sind riesige Kugeln aus heißem Gas, hauptsächlich Wasserstoff, mit etwas Helium und kleinen Mengen anderer Elemente. Die Farbe eines Sterns zeigt seine Oberflächentemperatur an, wobei blaue Sterne am heißesten sind. Mit zunehmender Temperatur ändert sich die Farbe eines Sterns von rot über orange und gelb zu weiß und schließlich zu blau. Rote Sterne sind die kältesten mit einer Temperatur von etwa 3.800 °C. Orangefarbene Sterne haben eine Temperatur von etwa 4.500 °C. Unsere Sonne ist ein gelber Stern mit einer Oberflächentemperatur von etwa 6.000 °C. Blaue Sterne haben Oberflächentemperaturen von über 10.000 °C, und die heißesten blauen Sterne, die so genannten blauen Überriesen, können Temperaturen von über 40.000 °C haben.

- Blaue Sterne sind auch die größten und massereichsten Sterne in der Galaxie, so dass sie am Himmel auch dann sichtbar sind, wenn sie weit entfernt sind. Einer der bekanntesten blauen Überriesen am Nachthimmel ist Rigel, der hellste Stern im Sternbild Orion (der "Jäger"). Die Oberflächentemperatur von Rigel beträgt etwa 11.600 °C und ist damit viel heißer als die der Sonne. Wissenschaftler schätzen, dass Rigel die unglaubliche 120.000-fache Helligkeit unserer Sonne hat, aber aufgrund seiner Entfernung von uns (863 Lichtjahre) ist er nur der siebthellste Stern am Nachthimmel.

- Der hellste rote Riese am Nachthimmel, Arcturus, befindet sich im Sternbild Boötes (der "Hirte") und ist etwa 37 Lichtjahre von der Erde entfernt. Als vierthellster Stern am Nachthimmel verdankt Arcturus seinen Namen (was "Hüter des Bären" bedeutet) seiner Position in der Nähe des Sternbilds Ursa Major (der "große Bär"). Obwohl er nur die 1,5-fache Masse der Sonne hat, leuchtet Arcturus 113-mal heller und gibt aufgrund seiner enormen Größe 215-mal mehr Wärme ab. Arcturus ist schätzungsweise 7 Milliarden Jahre alt und nähert sich dem Ende seines stellaren Lebens. Er wird sich schließlich in einen Weißen Zwerg - einen kleinen, unglaublich dichten Stern - verwandeln, sobald er seinen nuklearen Brennstoff verbraucht hat.

- Sirius ist der hellste Stern am Nachthimmel und ist sowohl von der nördlichen als auch von der südlichen Hemisphäre aus sichtbar. Sirius befindet sich im Sternbild Canis Major (der "große Hund") und ist auch als Hundestern oder Sirius A bekannt. Er ist etwa 8,6 Lichtjahre von der Erde entfernt und hat eine scheinbare Helligkeit von -1,46. Sein Name, der aus dem Griechischen stammt, bedeutet "leuchtend". Sirius ist in den Wintermonaten in der nördlichen Hemisphäre am deutlichsten zu sehen. Nur einige wenige Planeten, der Vollmond und die Internationale Raumstation überstrahlen Sirius, wenn sie sich über dem Horizont befinden. Sie können Sirius finden, wenn Sie der Linie der Gürtelsterne des Orion (des "Jägers") nach unten in Richtung Südosten folgen.

- Der zweithellste Stern am Nachthimmel ist Canopus. Er hat eine visuelle Helligkeit von -0,74 und ist 310 Lichtjahre von der Erde entfernt. Canopus befindet sich im südlichen Sternbild Carina (der "Schiffskiel") und ist hauptsächlich auf der südlichen Hemisphäre sichtbar. Seine Sichtbarkeit ist durch den Breitengrad begrenzt, und Menschen, die auf 37 Grad Nord oder höher leben, wie die meisten Menschen in den Vereinigten Staaten, Europa und Kanada, können Canopus nicht sehen, da er unter dem Horizont bleibt. In der griechischen Mythologie war Kanopus der Lotse des Schiffes von König Menelaos von Sparta während des Trojanischen Krieges, während Kanopus in der chinesischen Kultur mit Langlebigkeit in Verbindung gebracht wird.

5.6 Himmlische Besucher: Spektakuläre Kometen und Meteoritenschauer

Kometen

- Kometen sind Himmelskörper, die aus Eis, Gas und Staub bestehen und lange Schweife haben. Sie sind Überbleibsel der Entstehung unseres Sonnensystems vor etwa 4,6 Milliarden Jahren und werden manchmal als "schmutzige Schneebälle" bezeichnet. Kometen könnten Wasser und organische Verbindungen auf die frühe Erde und andere Teile des Sonnensystems gebracht haben, die die Bausteine des Lebens sein könnten.

- Nach einer Schätzung der NASA aus dem Jahr 2023 gibt es in unserem Sonnensystem etwa 3.743 bekannte Kometen. Astronomen gehen jedoch davon aus, dass im Kuiper-Gürtel und in der Oortschen Wolke, die sich jenseits von Neptun und Pluto befinden, noch Milliarden weiterer Kometen die Sonne umkreisen. Halley ist der bekannteste Komet mit einem regelmäßigen 76-jährigen Umlaufzyklus um die Sonne. Er war zuletzt 1986 am Himmel zu sehen und wird im Jahr 2061 wiederkehren. Nachfolgend finden Sie die spektakulären Kometen, die 2024 und 2025 zu sehen sein werden.

- Einer der beeindruckendsten Kometen, der 2024 von der Erde aus zu sehen sein wird, ist C/2023 A3 (Tsuchinshan-ATLAS). Dieser Komet erreicht sein Perihel (den sonnennächsten Punkt) am 27. September 2024 mit einer Helligkeit von 2,9 Magnituden. Am 12. Oktober 2024 wird er der Erde am nächsten kommen und mit einer beeindruckenden Helligkeit von -4 leuchten, was mit der Helligkeit der Venus vergleichbar ist! Der Komet wird zunächst am Morgenhimmel der südlichen Hemisphäre mit einem Fernglas oder mit bloßem Auge sichtbar sein. Ab dem 14. Oktober 2024 wird er dann auch auf der Nordhalbkugel zu einem faszinierenden Anblick. Die beste Beobachtungszeit ist kurz nach Sonnenuntergang, wenn der Komet bis etwa zum 24. Oktober 2024 am Westhimmel zu sehen ist.

- Ein weiterer heller Komet, der im Jahr 2024 erscheinen soll, ist A11bP7I oder C/2024 S1 (ATLAS). Dieser Komet wird am 28. Oktober 2024 sein Perihel erreichen und könnte heller als die Venus werden, möglicherweise sogar tagsüber sichtbar sein. Er gehört zu den Kreutz-Sungrazern, einer Gruppe von Kometen, die extrem nahe an der Sonne vorbeiziehen. Am besten ist er von der südlichen Hemisphäre aus am Abendhimmel zu sehen. Wenn A11bP7I seine nahe Begegnung mit der Sonne überlebt, wird er später in mittleren nördlichen Breiten am Morgen sichtbar sein und eine weitere Chance zur Beobachtung bieten.

- Später im Jahr wird der periodische Komet 333P/LINEAR aus der Jupiterfamilie am 29. November 2024 sein Perihel erreichen. Mit einer Helligkeit von 9,8 Magnituden wird dieser Komet mit einem großen Fernglas oder einem kleinen Teleskop zu sehen sein (mit dem bloßen Auge kann man ihn nur bis zu einer Helligkeit von 6 Magnituden wahrnehmen und wird ihn nicht sehen). Am 9. Dezember 2024 wird er seine größte Annäherung an die Erde erreichen und leicht aufhellen. Dieser Komet wird auf beiden Erdhalbkugeln sichtbar sein und bietet Amateurastronomen eine gute Gelegenheit, einen Blick auf ihn zu erhaschen.

- Am 13. Januar 2025 wird der Komet C/2024 G3 (ATLAS) mit einer potenziellen Helligkeit von -2,0 Magnituden das Perihel erreichen. Bei seiner nächsten Annäherung an die Erde könnte er eine Helligkeit von -1,8 erreichen, so dass er auch bei Tageslicht mit bloßem Auge sichtbar wäre. Das Schicksal des Kometen bleibt jedoch ungewiss, da er seine Reise um die Sonne möglicherweise nicht überlebt. In diesem Fall wird er auf der nördlichen Hemisphäre vor dem Perihel und auf der südlichen Hemisphäre danach sichtbar sein. Aufgrund seiner Nähe zur Sonne wird er zu diesen Zeiten am Himmel schwer zu beobachten sein.

Meteoritenschauer

- Meteoritenschauer entstehen, wenn die Erde durch die Trümmer von Kometen und Asteroiden hindurchfliegt. Wenn diese Trümmer in der Erdatmosphäre verglühen, erzeugen sie schillernde Lichtstreifen am Himmel. Jedes Jahr gibt es über 100 Meteoritenschauer, von denen etwa 30 von der Erde aus sichtbar sind. Einige sind kurz und dauern nur wenige Jahre, während andere jährlich stattfinden. Die außergewöhnlichsten Meteorschauer, die so genannten Meteorstürme, zeigen sich nur ein- oder zweimal im Leben am Himmel. Im Folgenden finden Sie einige der spektakulärsten Meteoritenschauer.

- Die Orioniden, ein Meteoritenschauer, der vom Sternbild Orion (der "Jäger") ausgeht, wird von der NASA als "einer der schönsten Schauer des Jahres" bezeichnet. Sie entstehen aus den Trümmern des Halleyschen Kometen und erreichen ihren Höhepunkt in der Regel Ende Oktober. Im Jahr 2024 werden die Orioniden in der Nacht vom 20. auf den 21. Oktober ihren Höhepunkt erreichen, wobei die beste Beobachtungszeit nach Mitternacht liegt. Bei dunklem Himmel kann man mit durchschnittlich 20 Meteoren pro Stunde rechnen, während der Spitzenaktivität sind bis zu 50-75 Meteore möglich.

- Die Perseiden, ein Meteoritenschauer, der vom Sternbild Perseus (der "Held") ausgeht, werden durch den Durchgang der Erde durch die Trümmer des Kometen Swift-Tuttle verursacht, die als Perseidenwolke bekannt sind. Die Perseiden wurden erstmals vor etwa 2.000 Jahren beobachtet und sind Mitte August zu sehen, wobei sie ihren Höhepunkt zwischen dem 8. und 14. August erreichen. Am besten sind sie in den frühen Morgenstunden zu sehen, wenn das Licht des Mondes weniger störend ist. Die Perseiden sind einer der ergiebigsten Schauer, und während der Spitzenaktivität kann man mit etwa 50 bis 100 Meteoren pro Stunde rechnen.

- Die Geminiden, ein Meteoritenschauer, der vom Sternbild Zwillinge ausgeht, sind einer der zuverlässigsten und spektakulärsten jährlichen Meteoritenschauer. Sie sind jedes Jahr vom 19. November bis zum 16. Dezember zu sehen und erreichen ihren Höhepunkt Mitte Dezember, normalerweise um den 13. und 14. Dezember. Die Geminiden, die erstmals Mitte des 18. Jahrhunderts beobachtet wurden, brachten nur bescheidene 10-20 Meteore pro Stunde hervor. Im Laufe der Zeit ist diese Zahl jedoch auf bis zu 120 Meteore pro Stunde unter idealen Bedingungen angewachsen, was die Geminiden zu einem bedeutenden Meteorschauer macht. Anders als die meisten Meteoritenschauer, die von Kometen ausgehen, stammen die Geminiden von einem Asteroiden namens 3200 Phaethon. Seine Meteoroide sind dichter als der typische Kometenstaub, was die Geminiden-Meteore einzigartig hell, schnell und deutlich gelb macht. Die beste Zeit, um die Geminiden zu beobachten, ist Mitte Dezember in der Nacht und vor der Morgendämmerung. Der Schauer ist weltweit zu sehen, wobei der Höhepunkt der Sichtbarkeit gegen 21 oder 22 Uhr erreicht wird. Um die beste Sicht zu haben, sollten Sie einen Ort weit weg von den Lichtern der Stadt suchen und Ihren Augen etwa 30 Minuten Zeit geben, sich an die Dunkelheit zu gewöhnen.

- Die Leoniden, ein Meteoritenschauer, der vom Sternbild Löwe ausgeht, sind ein jährlich wiederkehrender Meteoritenschauer, auch wenn er normalerweise nur 15 Meteore pro Stunde produziert. Die Leoniden gehen auf den Kometen 55P/Tempel-Tuttle zurück, der 33 Jahre braucht, um die Sonne zu umkreisen. Dieser Meteoritenschauer wird zwischen dem 3. November und dem 2. Dezember 2024 aktiv sein, mit einem Höhepunkt am 16. November. Die Leoniden sind für ihre hellen, farbenprächtigen und schnellen Meteore bekannt, die sich mit einer erstaunlichen Geschwindigkeit von 71 Kilometern pro Sekunde fortbewegen! Alle 33 Jahre können die Leoniden einen spektakulären Meteorsturm mit bis zu Tausenden von Meteoren pro Stunde erzeugen. Der berühmteste Sturm fand 1966 statt, als Tausende von Meteoren pro Minute beobachtet wurden, und der letzte Sturm fand 2002 statt. Die Leoniden sind auch bekannt für ihre Feuerbälle - Licht- und Farbexplosionen, die von größeren Partikeln aus Kometenmaterial verursacht werden - und erdnahe Meteore, die den Horizont überfliegen und lange, farbenprächtige Spuren hinterlassen. Die beste Zeit für die Beobachtung der Leoniden ist nach Mitternacht an einem dunklen Ort. Achten Sie darauf, dass Sie sich vom Sternbild Löwe entfernen, um längere und spektakulärere Meteore zu sehen.

- Die Quadrantiden, ein Meteoritenschauer, der vom alten Sternbild Quadrans Muralis (der "Mauerquadrant") ausgeht, das heute zum modernen Sternbild Bootes (der "Hirte") gehört, sind einer der beeindruckendsten jährlichen Meteoritenschauer. Wie die Geminiden werden auch die Quadrantiden von einem Asteroiden - 2003 EH1 - und nicht von einem Kometen verursacht. Der Quadrantiden-Meteorschauer wird vom 12. Dezember 2024 bis zum 12. Januar 2025 aktiv sein und seinen Höhepunkt um den 3. Januar 2025 erreichen. Dieser Meteorschauer hat einen besonders schmalen Höhepunkt, der nur etwa sechs Stunden andauert, da die Erde den Meteorstrom in einem senkrechten Winkel kreuzt. Während des Höhepunkts können Beobachter unter idealen Bedingungen mit 60 bis 200 Meteoren pro Stunde rechnen. Wie die Leoniden sind auch die Quadrantiden dafür bekannt, helle, lang anhaltende Feuerbälle zu erzeugen. Die Quadrantiden lassen sich von der nördlichen Hemisphäre aus am besten in der Nacht und vor der Morgendämmerung beobachten.

5.7 Zwischen Licht und Schatten: Wissenswertes über Sonnen- und Mondfinsternisse

Sonnenfinsternis

- Die längste aufgezeichnete totale Sonnenfinsternis fand am 15. Juni 743 v. Chr. statt und dauerte 7 Minuten und 28 Sekunden. Die Finsternis war im Indischen Ozean vor der Küste Kenias und Somalias zu sehen. Die längste mögliche Dauer für eine totale Sonnenfinsternis beträgt 7 Minuten und 32 Sekunden. Dieses theoretische Maximum würde eintreten, wenn sich die Sonne im Aphel (ihrem erdfernsten Punkt) und der Mond im Perigäum (seinem erdnächsten Punkt) befindet.

- Am 29. Mai 1919 lieferte eine Sonnenfinsternis den entscheidenden Beweis für Albert Einsteins allgemeine Relativitätstheorie. Nach dieser Theorie erzeugt die massive Größe der Sonne eine Krümmung der Raumzeit. Wenn Licht von fernen Sternen in die Nähe der Sonne gelangt, folgt es dieser gekrümmten Raumzeit und krümmt seine Bahn. Während der Sonnenfinsternis von 1919 fotografierten der englische Astrophysiker Arthur Eddington und sein Team Sterne in der Nähe der Sonne (die normalerweise aufgrund der Helligkeit der Sonne unsichtbar sind). Sie stellten fest, dass sich die scheinbaren Positionen der Sterne verschoben hatten und dass der Betrag der Ablenkung genau mit Einsteins Vorhersagen übereinstimmte. Dies bestätigte Einsteins allgemeine Relativitätstheorie.

- Bei der Sonnenfinsternis vom 3. November 2013 handelte es sich um eine seltene hybride Finsternis. Sie begann als ringförmige Finsternis, ging aber in eine totale Finsternis über, als sich der Abstand des Mondes von der Erde verringerte. Eine hybride Finsternis tritt auf, wenn sich der Abstand des Mondes von der Erde während der Finsternis ändert, so dass die Finsternis zwischen total und ringförmig wechselt. Die nächste hybride Finsternis wird am 14. November 2031 stattfinden und hauptsächlich über dem Pazifischen Ozean verlaufen. Die nächsten beiden hybriden Finsternisse werden im November 2049 und im Mai 2050 erwartet.

- Die Sonnenfinsternis vom 21. August 2017 war eine totale Sonnenfinsternis, die zum ersten Mal seit 1918 in den gesamten zusammenhängenden Vereinigten Staaten zu sehen war. Die auch als "Große Amerikanische Sonnenfinsternis" bekannte Finsternis erstreckte sich über 14 Bundesstaaten, darunter Oregon, Idaho, Montana, Wyoming, Nebraska, Kansas, Iowa, Missouri, Illinois, Kentucky, Tennessee, Georgia, North Carolina und South Carolina, mit einem Totalitätspfad von 110 km (70 Meilen), auf dem der Mond das Licht der Sonne vollständig verdeckt. Die totale Sonnenfinsternis war erstmals um 10:15 Uhr PDT in Oregon zu sehen und endete in Charleston, South Carolina, um etwa 2:41 PM EST.

Mondfinsternis

- Haben Sie schon einmal einen Blutmond gesehen? Das ist ein Mond mit einer gespenstischen, kupferroten Farbe. Dieses Phänomen tritt während einer totalen Mondfinsternis auf, wenn die Erde das Sonnenlicht daran hindert, den Mond direkt zu erreichen. Das einzige Licht, das zu dieser Zeit vom Mond reflektiert wird, wird durch die Erdatmosphäre gefiltert, die blaues Licht streut und rotes

Licht durchlässt. Dieses rote Licht wird dann von der Mondoberfläche reflektiert und verleiht ihr einen rötlichen Schimmer. Je mehr Staub oder Wolken sich in der Atmosphäre befinden, desto intensiver erscheint der rote Farbton des Mondes. Der letzte Blutmond fand am 8. November 2022 statt und wurde auch als Biberblutmond bezeichnet. Die nächste totale Mondfinsternis und damit die nächste Gelegenheit, einen Blutmond zu sehen, ist am 14. März 2025. Dieses Himmelsereignis wird über dem Pazifik, in Amerika, Westeuropa und Westafrika zu sehen sein.

- Im Gegensatz dazu ist ein blauer Mond ein Vollmond, der in einer Jahreszeit (in der Regel drei Monate) mit vier Vollmonden auftritt, oder zweimal in einem einzigen Kalendermonat. Der Mond selbst färbt sich nicht blau, aber er kann blau erscheinen, wenn er durch atmosphärischen Dunst mit Staubpartikeln betrachtet wird (im Gegensatz zu einem Blutmond, bei dem das Sonnenlicht blockiert wird). Dieses Phänomen ist selten und unvorhersehbar, daher die Redewendung "once in a blue moon".

- Die längste jemals aufgezeichnete totale Mondfinsternis fand am 16. Juni 2000 statt und dauerte 106 Minuten und 24,6 Sekunden. Die nächst längeren totalen Mondfinsternisse werden für den 12. Mai 2264 und den 27. Juli 3107 vorhergesagt. Sie dauern 106 Minuten und 13 Sekunden bzw. 106 Minuten und 21 Sekunden. Die Dauer einer totalen Mondfinsternis hängt von der Position des Mondes auf seiner Umlaufbahn ab. Wenn sich der Mond im Apogäum (dem erdfernsten Punkt) befindet, bewegt er sich langsamer durch den Erdschatten, was zu einer längeren Finsternis führt.

- Die totale Mondfinsternis, die am 29. Februar 1504 stattfand, ist als Kolumbus-Finsternis bekannt und rettete Kolumbus und seiner Mannschaft das Leben. Auf Kolumbus' vierter und letzter Reise in die Neue Welt wurde seine Flotte durch Schiffsbohrwürmer beschädigt, so dass er gezwungen war, seine verbliebenen Schiffe am 25. Juni 1503 an der Nordküste von Jamaika zu stranden. Zunächst boten die einheimischen Arawak Nahrung und Unterschlupf, doch im Laufe der Monate nahmen die Spannungen zu, und die Arawak weigerten sich, Proviant gegen in ihren Augen wertlosen Plunder einzutauschen. Kolumbus, dem der Hungertod drohte, entwickelte einen Plan. Da er wusste, dass am 29. Februar 1504 eine totale Mondfinsternis bevorstand, warnte er den örtlichen Arawak-Häuptling, dass sein christlicher Gott zornig sei und seinen Unmut dadurch kundtun würde, dass er den Vollmond "vor Zorn entbrennen" lasse. In der Nacht der Finsternis, als der Mond sich rötlich verfärbte und verdunkelte, flehten die verängstigten Arawak Kolumbus an, ihn wiederherzustellen. Als der Mond allmählich wieder erschien, waren die Arawaks von Dankbarkeit und Furcht erfüllt und versorgten Kolumbus und seine Mannschaft weiterhin mit Lebensmitteln. Ein Rettungsschiff traf später im Juni ein, und Kolumbus kehrte im November 1504 sicher nach Spanien zurück.

5.8 Unerwünschte Besucher: Asteroideneinschläge, die zu Katastrophen geführt haben

- Während täglich fast 100 Tonnen Meteoritenstaub in die Erdatmosphäre eindringen und verglühen, treffen kleinere Asteroiden mit einem Durchmesser von 1 Meter (3 Fuß) die Erde nur wenige Male pro Jahr. Der Asteroid, der 2013 in Tscheljabinsk, Russland, einschlug, hatte einen Durchmesser von 19 Metern (62 Fuß); Ereignisse dieser Größenordnung ereignen sich alle 60-80 Jahre. Größere Einschläge, wie der 50 Meter (164 Fuß) große Asteroid, der 1908 in Tunguska einschlug, finden alle 200-300 Jahre statt. Asteroiden, die größer als 1 km (0,62 Meilen) sind, sind sehr gefährlich und können katastrophale Schäden am Leben auf der Erde verursachen. Sie treten etwa alle 500.000 Jahre auf. Planeten zerstörende Asteroiden mit einer Größe von mehr als 10 Kilometern (6,2 Meilen), wie derjenige, der die Dinosaurier vor 65 Millionen Jahren auslöschte, sind extrem selten. Wissenschaftler haben festgestellt, dass die Erde in den letzten 600 Millionen Jahren von 60 Objekten mit einem Durchmesser von 5 km oder mehr getroffen wurde, also im Durchschnitt alle 10 Millionen Jahre.

- Der Vredefort-Krater ist der größte und älteste Krater der Erde. Er entstand vor etwa 2 Milliarden Jahren, als ein großer Asteroid mit einem geschätzten Durchmesser von 10 Kilometern (6,2 Meilen) in der Nähe des heutigen Johannesburg, Südafrika, mit der Erde zusammenstieß. Durch den Einschlag entstand der größte bekannte Einschlagskrater auf der Erde mit einem Durchmesser von 300 km (186 Meilen). Dieser riesige Krater wurde im Laufe der Zeit stark erodiert und hinterließ die sichtbare Struktur des "Vredefort Dome". Die Tatsache, dass unser Planet ein solch katastrophales Ereignis überlebt hat, ist bemerkenswert!

- Vor etwa 65 Millionen Jahren schlug ein großer Asteroid mit einem geschätzten Durchmesser von 10 Kilometern (6,2 Meilen) mit einer Geschwindigkeit von über 25 Kilometern (15,5 Meilen) pro Sekunde in der Nähe der heutigen Halbinsel Yucatán in Mexiko auf der Erde ein. Der Einschlag setzte eine Energiemenge frei, die dem 10.000-fachen des derzeitigen Atomwaffenarsenals der Welt entspricht, und verursachte einen gewaltigen Krater mit einem Durchmesser von etwa 200 Kilometern (124 Meilen). Wissenschaftler gehen davon aus, dass dieser Einschlag dazu führte, dass das Sonnenlicht durch Staub und Trümmerteile blockiert wurde, was einen dramatischen globalen Klimawandel auslöste. Dies führte zu dem Massenaussterben an der Kreidezeit-Paleogen-Grenze, das die Dinosaurier und über 50 % der Arten auf der Erde auslöschte.

- Der Popigai-Krater in Nordsibirien, Russland, entstand vor etwa 35 Millionen Jahren, als ein großer Asteroid mit einer Breite von 3 bis 5 Meilen (5 bis 8 Kilometer) auf der Erde einschlug. Durch diesen Einschlag entstand ein riesiger Krater mit einem Durchmesser von etwa 100 km. Aufgrund des hohen Kohlenstoffgehalts des Bodens in der Umgebung der Einschlagstelle entstand durch die intensive Hitze und den Druck, die durch den Einschlag erzeugt wurden, eine große Menge an "Einschlagsdiamanten". Dieser Reichtum an Diamanten hat dem Krater den Spitznamen "Krater der Diamanten" eingebracht, und Sie können winzige Diamantkörner (0,1-0,4 Zoll oder 3-10 mm groß) finden, wenn Sie die Stelle besuchen!

- Das Sudbury-Becken ist der drittgrößte Einschlagkrater der Welt und befindet sich in Ontario, Kanada. Er entstand vor über 1,8 Milliarden Jahren durch einen massiven Kometeneinschlag und nicht durch einen Asteroiden. Der Komet schlug mit einer geschätzten Geschwindigkeit von über 20 Kilometern pro Sekunde auf der Erde ein und schuf einen Krater, der anfangs eine Breite von 150 Kilometern hatte. Im Laufe der Zeit formte die Erosion den ursprünglichen Krater zu einem elliptischen Becken um, und seine Größe schrumpfte auf etwa 60 mal 30 Kilometer. Gesteinsfragmente des Einschlags wurden bis ins heutige Minnesota entdeckt, Hunderte von Kilometern von der Einschlagstelle entfernt. Die intensive Hitze und der Druck, die durch die Kollision entstanden, schmolzen das Gestein und konzentrierten wertvolle Mineralien wie Nickel, Kupfer und Platingruppenmetalle, was zur Entstehung reicher Bergbaugebiete rund um den Krater führte.

5.9 Galaxien mit Radiosignalen: Sind wir allein im Universum?

- Sind wir allein im Universum? Gibt es andere intelligente Wesen? Die kurze Antwort lautet: Wir wissen es nicht. Wissenschaftler untersuchen jedoch mysteriöse Funksignale aus den Tiefen des Weltraums, von denen einige vermuten, dass sie möglicherweise ein Zeichen außerirdischer Intelligenz sein könnten.

- Das "Wow!-Signal" ist eine berühmte, mysteriöse Radioübertragung, die vom Big Ear-Radioteleskop der Ohio State University am 15. August 1977 bei der Suche nach außerirdischer Intelligenz entdeckt wurde. Das Signal, das 1 Minute und 12 Sekunden dauerte, entstand in der Nähe des Sternbilds Schütze und war 30 Mal stärker als das Hintergrundrauschen des Weltraums. Es wurde auf einer bestimmten Frequenz von 1.420 Megahertz empfangen, der gleichen Frequenz, auf der Wasserstoff, das häufigste Element im Universum, Radiowellen aussendet. Dies veranlasste einige Astronomen zu der Vermutung, dass es sich um einen Versuch außerirdischen Lebens handeln könnte, mit der Erde zu kommunizieren.

- Seit seiner ersten Entdeckung wurde das mysteriöse "Wow!"-Signal jedoch nie wieder beobachtet. In einer kürzlich erschienenen Studie aus dem Jahr 2024 stellt der Astrobiologe Abel Méndez die Hypothese auf, dass das Signal durch eine intensive Eruption eines Magnetars, einer Art dichtem, magnetischem Stern, verursacht worden sein könnte. Méndez vermutet, dass die Eruption auf eine interstellare Wasserstoffgaswolke traf, die dann die vom Big Ear-Radioteleskop entdeckte Strahlung aussandte. Trotzdem arbeiten Wissenschaftler, darunter auch die der NASA, unermüdlich daran, Signale aus dem Universum zu sammeln, in der Hoffnung, Anzeichen für intelligentes Leben zu finden.

- Auf der anderen Seite haben Wissenschaftler eine andere Art von Radiosignalen aus dem Universum entdeckt: schnelle Radiobursts (FRBs). FRBs sind kurze, intensive Ausbrüche von Radiowellen, die außerhalb der Milchstraßengalaxie entstehen. Diese Ausbrüche sind unglaublich energiereich und setzen in einer Millisekunde so viel Energie frei wie die Sonne in drei Tagen. Sie können zwischen einem Bruchteil einer Millisekunde und mehreren Sekunden dauern. Der erste FRB wurde 2007 entdeckt, und seither haben Wissenschaftler Hunderte dieser Blitze von weit entfernten Punkten im Universum entdeckt.

- Die Quellen von FRBs sind nach wie vor unklar. Die meisten Wissenschaftler glauben, dass sie durch astrophysikalische Phänomene wie schwarze Löcher oder Neutronensterne verursacht werden. Einige, wie Professor Avi Loeb aus Harvard, vermuten jedoch, dass sie Beweise für eine fortgeschrittene außerirdische Technologie sein könnten. Im Jahr 2019 entdeckte ein Team unter kanadischer Leitung mit dem Radioteleskop Canadian Hydrogen Intensity Mapping Experiment (CHIME) in British Columbia 13 schnelle Radiobursts, darunter einen sich wiederholenden Burst. Während die meisten Wissenschaftler diese neuen Ausbrüche Supernova-Überresten oder schwarzen Löchern zuschrieben, schlug Loeb vor, dass FRBs Signale von außerirdischen Sendern sein könnten, die zum Antrieb von Raumschiffen verwendet werden. Die Wissenschaftler hoffen, mit der Entdeckung weiterer FRBs eine genauere Antwort zu erhalten.

5.10 Interstellare Migration: Die Suche nach bewohnbaren Planeten

- Innerhalb unseres Sonnensystems gilt der Mars als potenzieller Kandidat für eine künftige menschliche Besiedlung. Er hat polare Eiskappen und Hinweise auf frühere Wasserkanäle, was auf eine mögliche Wasserquelle hindeutet. Außerdem ist ein Marstag ungefähr so lang wie ein Erdtag, was die Anpassung an einen marsianischen Tagesrhythmus erleichtern würde. Obwohl der Mars kalt ist (mit einer durchschnittlichen Oberflächentemperatur von -85°F oder -65°C) und nur über einen sehr begrenzten Sauerstoffvorrat verfügt (etwa ein Zehntausendstel der Menge in der Erdatmosphäre), glauben Wissenschaftler, dass er möglicherweise terraformiert werden könnte, um ihn für menschliches Leben besser geeignet zu machen.

- In der Zwischenzeit haben die Wissenschaftler nie aufgehört, nach bewohnbaren Planeten außerhalb unseres Sonnensystems zu suchen. Seit der ersten bestätigten Entdeckung eines Exoplaneten (ein Planet, der einen Stern außerhalb des Sonnensystems umkreist) im Jahr 1995 haben Wissenschaftler über 5.000 solcher Planeten identifiziert. Um einen erdähnlichen Planeten zu finden, der für den Menschen bewohnbar ist, suchen die Astronomen nach kleinen, felsigen Planeten, die sich in der bewohnbaren Zone ihres Sterns befinden, wo flüssiges Wasser existieren kann. Zwei der Top-Kandidaten, die bewohnbar sein könnten, sind unten aufgeführt:

- KOI (Kepler Object of Interest) 5725.01, der 2015 durch die Analyse von Daten des Kepler-Weltraumteleskops entdeckt wurde, ist ein Exoplanet, der sich in etwa 3.000 Lichtjahren Entfernung im Sternbild Cygnus befindet. Wissenschaftler haben festgestellt, dass auf KOI-5715.01 noch günstigere Bedingungen für Leben herrschen als auf der Erde, weshalb sie den Planeten als "superhabitabel" einstufen. Der Planet ist fast doppelt so groß wie die Erde und hat wahrscheinlich eine feste Oberfläche. Er umkreist einen orangenen Zwergstern, der stabiler ist als unsere Sonne und eine Lebensdauer von bis zu 45 Milliarden Jahren hat, verglichen mit 10 Milliarden Jahren bei unserer Sonne. Diese verlängerte Lebensspanne lässt möglicherweise deutlich mehr Zeit für die Entwicklung von Leben. Mit einer Oberflächentemperatur von 11,6 °C ist KOI 5715.01 der Durchschnittstemperatur der Erde bemerkenswert nahe. Die Wissenschaftler untersuchen derzeit seine Atmosphäre auf Moleküle wie Sauerstoff, Kohlendioxid und Methan, die auf das Vorhandensein von Leben hinweisen könnten.

- KOI 5554.01, ein weiterer Exoplanet, der etwa 6,5 Milliarden Jahre alt ist, hat eine Größe zwischen dem 0,72- und 1,29-fachen Durchmesser der Erde. Er umkreist einen gelben Zwergstern in etwa 700 Lichtjahren Entfernung und hat eine Jahreslänge von 362 Tagen, ähnlich wie die Erde. Die durchschnittliche Oberflächentemperatur des Planeten beträgt etwa 27°C (80°F), was für menschliches Leben geeignet ist. Die Wissenschaftler untersuchen derzeit, ob der Planet über Wasser und Sauerstoff verfügt, Schlüsselindikatoren für die Bewohnbarkeit.

5.11 Alles ist in Bewegung: Wir bewegen uns schnell durch den Raum

- Die erste kosmische Geschwindigkeit bezieht sich auf die Mindestgeschwindigkeit, die ein Objekt erreichen muss, um einen Himmelskörper wie die Erde zu umkreisen. Sie ist auch als Umlaufgeschwindigkeit bekannt. Für die Erde beträgt die erste kosmische Geschwindigkeit etwa 7,9 Kilometer pro Sekunde. Beispiele für Objekte, die sich mit erster kosmischer Geschwindigkeit bewegen, sind künstliche Satelliten, die die Erde umkreisen, die Internationale Raumstation, die meisten Kommunikationssatelliten, Wettersatelliten und alle Raumfahrzeuge, die sich in einer stabilen Umlaufbahn um die Erde befinden.

- Die zweite kosmische Geschwindigkeit, die auch als Fluchtgeschwindigkeit bezeichnet wird, ist die Geschwindigkeit, die ein Objekt benötigt, um der Anziehungskraft eines Planeten vollständig zu entkommen und nicht wieder herunterzufallen. Für die Erde beträgt die zweite kosmische Geschwindigkeit etwa 7,0 Meilen (11,2 Kilometer) pro Sekunde. Jedes von der Erde aus gestartete Raumfahrzeug, z. B. eine Raumsonde, die die Erdumlaufbahn verlässt, bewegt sich mit dieser Geschwindigkeit.

- Die dritte kosmische Geschwindigkeit ist die Anfangsgeschwindigkeit, die erforderlich ist, um den kombinierten Gravitationsfeldern von Erde und Sonne zu entkommen. Die dritte kosmische Geschwindigkeit beträgt etwa 42 km pro Sekunde oder 0,014 % der Lichtgeschwindigkeit im Vakuum. Ein Paradebeispiel für ein Objekt, das sich mit der dritten kosmischen Geschwindigkeit bewegt, ist ein Raumschiff, das das Sonnensystem erfolgreich verlassen hat, wie die Voyager-Sonden.

- Die Erdrotation am Äquator erreicht eine Geschwindigkeit von etwa 1.037 Meilen (1.670 Kilometer) pro Stunde. Dies wird berechnet, indem man den Erdumfang am Äquator durch die Zeit teilt, die für eine Umdrehung benötigt wird (24 Stunden). Die Geschwindigkeit der Erdrotation nimmt ab, je weiter wir uns vom Äquator entfernen und je näher wir uns den Polen nähern. Trotz der schnellen Rotation der Erde nehmen wir sie nicht wahr, weil die Bewegung konstant ist und wir uns mit ihr bewegen.

- Der Mond umkreist die Erde mit einer Geschwindigkeit von etwa 3.682 Kilometern pro Stunde oder 1,022 Kilometern pro Sekunde. Der Mond braucht 27,3 Tage für einen Umlauf um die Erde.

- Die Erde umkreist die Sonne mit einer Geschwindigkeit von etwa 107.000 Kilometern (67.000 Meilen) pro Stunde bzw. etwa 30 Kilometern (18,6 Meilen) pro Sekunde. In einem Jahr legt die Erde etwa 940 Millionen Kilometer (584 Millionen Meilen) zurück und braucht etwa 365,25 Tage für eine Umrundung.

- Unsere Milchstraßengalaxie ist wie ein gigantisches sich drehendes Windrad. Unser Sonnensystem bewegt sich innerhalb der Galaxie mit einer Durchschnittsgeschwindigkeit von etwa 792.000 Kilometern pro Stunde, also etwa 220 Kilometern pro Sekunde, und umkreist dabei das Zentrum der Milchstraße. Eine volle Umkreisung dauert etwa 230 Millionen Erdjahre!

- Wissenschaftliche Messungen haben ergeben, dass die Milchstraße mit einer Geschwindigkeit von etwa 2,1 Millionen Kilometern pro Stunde durch den Weltraum rast, was etwa 600 Kilometern pro Sekunde entspricht. Diese Geschwindigkeit wird relativ zur kosmischen Hintergrundstrahlung gemessen, einem Überbleibsel des Urknalls, das als Bezugspunkt für die Expansion des Universums dient. Unsere Galaxie bewegt sich im Allgemeinen in Richtung der Sternbilder Löwe und Jungfrau. Trotz der hohen Geschwindigkeit der Milchstraße nehmen wir diese Bewegung nicht wahr, weil wir uns mit ihr bewegen!

- Wenn Sie bereits über die Geschwindigkeiten, mit denen wir das Universum durchqueren, erstaunt sind, werden Sie jetzt noch mehr staunen. Während des Urknalls dehnte sich das frühe Universum mit einer atemberaubenden

Geschwindigkeit aus, die weit über der Lichtgeschwindigkeit lag (186.282 Meilen oder 299.792 Kilometer pro Sekunde). Wissenschaftler schätzen, dass sich das Universum in den Anfangsstadien des Urknalls, während einer Phase, die als Inflation bezeichnet wird, in etwa 10^-32 Sekunden um den Faktor 10^78 ausdehnte. Dies entspricht einer Ausdehnung von etwa 62 Billionen Meilen (100 Billionen Kilometer) in einem unvorstellbar kleinen Bruchteil einer Sekunde! Es ist wichtig, sich daran zu erinnern, dass Objekte im Raum die Lichtgeschwindigkeit nicht überschreiten können, während die Expansion des Raums selbst während der Inflation nicht an diese Beschränkung gebunden war.

5.12 Supernova: Ein Feuerwerk im Universum

- Eine Supernova ist ein spektakuläres Ereignis, das sich ereignet, wenn einem Stern der Brennstoff ausgeht und er in einem brillanten Lichtblitz explodiert. Supernovae gehören zu den hellsten Objekten am Nachthimmel und können milliardenfach heller als die Sonne sein. Sie können eine ganze Galaxie wochenlang in den Schatten stellen und einen Durchmesser von mehreren Lichtjahren erreichen.

- Supernovae sind die Hauptquelle für schwere Elemente im Universum. Wenn eine Supernova auftritt, verteilt sie sowohl gespeicherte als auch neu entstandene Elemente im gesamten Weltraum. Wissenschaftler haben durch die Untersuchung von Supernovae viel über das Universum gelernt, auch darüber, wie Sterne die für das Leben benötigten chemischen Elemente erzeugen.

- Etwa alle 10 Sekunden findet irgendwo im Universum eine Supernova statt. In Galaxien, die der Milchstraße ähnlich sind, treten jedoch nur zwei oder drei Supernovae pro Jahrhundert auf. Im Durchschnitt bedeutet dies, dass in unserer Galaxie alle 50 bis 100 Jahre eine Supernova auftritt; diese Häufigkeit kann jedoch je nach der spezifischen Region innerhalb der Galaxie und der Art der Supernova variieren.

- Eine Supernova ist milliardenfach heller als die Sonne. Eine Supernova, die nur 32,6 Lichtjahre (191,7 Billionen Meilen bzw. 308,6 Billionen Kilometer) entfernt ist, wäre 15 Millionen Mal heller als Sirius, der hellste Stern am Nachthimmel.

- Aufgrund ihrer extremen Helligkeit können Supernovae aus großer Entfernung beobachtet werden. Aktuellen astronomischen Daten zufolge ist die am weitesten entfernte Supernova, die jemals entdeckt wurde, DES16C2nm, etwa 10,5 Milliarden Lichtjahre von der Erde entfernt. Diese superleuchtende Supernova (SLSN) wurde erstmals im August 2016 vom Dark Energy Survey entdeckt.

- Bei einem Stern mit einer Masse, die mindestens 20 Mal so groß ist wie die der Sonne, kann eine Supernova-Explosion einen Überrest mit ausreichender Masse zurücklassen, um ein Schwarzes Loch zu bilden. Bei diesen massereichen Sternen überwältigen die Gravitationskräfte den Druck der Neutronenentartung, so dass der Kern des Sterns zu einem Schwarzen Loch kollabiert. Bleibt der stellare Überrest unterhalb dieser kritischen Massenschwelle, bildet er stattdessen einen Neutronenstern. Der schwerste bekannte Neutronenstern hat etwa die 2,5-fache Masse der Sonne, während das leichteste bekannte Schwarze Loch etwa 5 Sonnenmassen hat.

- Wir wissen, dass schwarze Löcher seltsam sind, aber auch Neutronensterne haben ungewöhnliche Eigenschaften. Sie enthalten das dichteste Material, das wir im Universum direkt beobachten können, mit einer Dichte von etwa 10^17 Kilogramm pro Kubikmeter. Ein einziger Teelöffel Neutronensternmaterie würde so viel wiegen wie der Mount Everest, der Milliarden Tonnen wiegt! Außerdem drehen sie sich unglaublich schnell. Der schnellste bekannte Neutronenstern, PSR J1748-2446ad, kann sich rund 43.000 Mal pro Minute (716 Mal pro Sekunde) drehen, also fast so schnell wie ein Mixerblatt. Neutronensterne weisen auch die stärksten bekannten Magnetfelder im Universum auf. Ihre Magnetfelder sind mit 10^12 bis 10^15 Gauß Billionen bis Billiarden Mal stärker als das Magnetfeld der Erde (0,5 Gauß), und eine Art von Neutronenstern, ein so genannter "Magnetar", kann sogar ein tausend Mal stärkeres Magnetfeld haben! Solch starke Magnetfelder können den nahen Weltraum erheblich beeinflussen.

- Die hellste jemals aufgezeichnete Supernova mit der Bezeichnung "SN2016aps" wurde 2016 vom Panoramic Survey Telescope and Rapid Response System (Pan-STARRS) auf Hawaii entdeckt. Die Spitzenleuchtkraft von SN2016aps (absolute Helligkeit -22,35) war 74 Milliarden Mal heller als die Sonne (absolute Helligkeit +4,83) und 500 Mal heller als typische Supernovaexplosionen, die bisher beobachtet wurden! Ihre Energieabgabe beträgt das 1,1 Quintillionenfache (10^18) der Energie der Sonne, was sie zu einem der energiereichsten Ereignisse macht, die je beobachtet wurden. Die Supernova ereignete sich in einer etwa 3,6 Milliarden Lichtjahre entfernten Galaxie und war so hell, dass sie das Licht der sie umgebenden Galaxie überstrahlte.

5.13 Der Ursprung und das Schicksal des Universums: Wo wird das alles enden?

Der Ursprung des Universums

- Die vorherrschende wissenschaftliche Meinung ist, dass das Universum mit einem "Urknall" vor etwa 13,8 Milliarden Jahren entstand und sich von einem extrem dichten, einzigen Punkt aus ausdehnte. Diese Ausdehnung setzt sich heute mit zunehmender Geschwindigkeit fort.

- Unmittelbar nach dem Urknall bestand das Universum aus einer überhitzten "Suppe" von Teilchen, deren Temperatur auf etwa 10^32 Kelvin geschätzt wird. Innerhalb der ersten Sekunde seiner Existenz kühlte das Universum rasch auf Temperaturen von etwa 10 Milliarden Grad Celsius ab (immer noch sehr heiß!). Zum Vergleich: Die Temperatur an der Oberfläche der Sonne beträgt nur etwa 5. 600 Grad Celsius (10.000 Grad Fahrenheit), während ihr Kern etwa 15 Millionen Grad Celsius (27 Millionen Grad Fahrenheit) erreicht.

- Die extremen Temperaturen des frühen Universums ermöglichten die kontinuierliche Erzeugung und Vernichtung von Teilchen wie Elektronen und Positronen. In den ersten Minuten erzeugte das Universum den größten Teil des heute existierenden Wasserstoffs und Heliums sowie Spuren von Lithium. Wasserstoff und Helium sind die am häufigsten vorkommenden Elemente und machen etwa 98 % des sichtbaren Universums aus.

- Innerhalb eines winzigen Sekundenbruchteils (10^-32 Sekunden) nach dem Urknall durchlief das Universum eine Phase rascher Expansion, die als kosmische Inflation bezeichnet wird. Während der Inflation dehnten sich die linearen Dimensionen des Universums um einen Faktor von mindestens 10^26 aus, was zu einer Volumenvergrößerung von 10^78 führte. Zum Vergleich: Das entspricht der Ausdehnung von etwas, das nur halb so breit ist wie ein DNA-Molekül, auf etwa 10,6 Lichtjahre (62,3 Billionen Meilen oder 100 Billionen Kilometer)!

- Der Zeitraum, der etwa 380.000 Jahre nach dem Urknall begann und bis zur Entstehung der ersten Sterne und Galaxien dauerte, was schätzungsweise etwa 1 Milliarde Jahre nach dem Urknall der Fall war, wird als kosmisches Dunkelzeitalter bezeichnet. Während dieser Zeit war das Universum mit neutralem Wasserstoffgas gefüllt, das die Lichtquellen verdeckte. Dies ließ das Universum dunkel erscheinen.

- Das beobachtbare Universum hat einen Durchmesser von etwa 93 Milliarden Lichtjahren, aber die wahre Größe des Universums ist unbekannt. Das liegt daran, dass wir nicht über den Rand des beobachtbaren Universums hinaus sehen können. Wissenschaftler schätzen, dass es innerhalb des beobachtbaren Universums zwischen 100 Milliarden und einer Billion Galaxien und 200 Milliarden Billionen Sterne gibt. Verglichen mit dem Universum ist unsere Erde wie ein Sandkorn in einer ausgedehnten Wüste!

Das Ende des Universums

- Das mögliche Ende des Universums könnte die Form eines "Big Freeze" annehmen, bei dem es sich unendlich weiter ausdehnt, oder eines "Big Crunch", bei dem die Schwerkraft schließlich alles wieder zusammenzieht. Das Ergebnis hängt von der Dichte des Universums und der Menge der vorhandenen dunklen Energie ab.

- Das Big Freeze, auch bekannt als Big Chill oder Wärmetod, ist eine weithin akzeptierte Theorie. Sie besagt, dass sich das Universum immer weiter ausdehnt und dabei so viel Energie verstreut, bis alle Regionen eine einheitliche Temperatur erreichen. Dies würde dazu führen, dass die Wechselwirkungen zwischen den Teilchen aufhören und das Universum in einen gefrorenen Zustand versetzt wird.

- Dieser Prozess wird wahrscheinlich mehr als eine Billion Jahre dauern. Zunächst würde die Bildung von Sternen und Galaxien aufhören, und den bestehenden Sternen würde allmählich der Brennstoff ausgehen und sie würden aufhören zu leuchten. Schwarze Löcher würden dann alle verbleibende Materie verzehren, und das Universum würde in ein dunkles Zeitalter eintreten. Letztendlich würde das Universum einen Zustand maximaler Entropie erreichen, in dem alles gleichmäßig verteilt ist und keine Energiegradienten mehr vorhanden sind, die weitere Ereignisse antreiben könnten. Stellen Sie sich vor, die Zeit würde zu einer endlosen Leere, in der aufgrund des Energiemangels im Universum praktisch nichts passiert!

- In einem anderen Szenario könnte das Universum bei ausreichender Schwerkraft schließlich in sich zusammenfallen, ähnlich wie ein kollabierender Stern, der ein schwarzes Loch bildet. Dies würde letztlich dazu führen, dass das Universum auf einen unendlich kleinen Punkt schrumpft, der als Singularität bekannt ist, ein Ereignis, dem möglicherweise ein weiterer Urknall und die Neubildung eines neuen Universums folgen.

- In beiden Theorien wird die geheimnisvolle dunkle Energie als treibende Kraft hinter der sich beschleunigenden Expansion des Universums vermutet. Wenn die dunkle Energie jedoch dazu führt, dass sich die Ausdehnung des Universums zu schnell beschleunigt, könnte sie das Universum schließlich auseinanderreißen und es in seine Grundbestandteile wie Atome zerlegen. Was glauben Sie, wie unser Universum enden wird?

Chapter 6

Das rätselhafte Gehirn

6.1 Gehirne: Die leistungsfähigsten Computer, die wir kennen

- Das menschliche Gehirn ist die komplexeste bekannte Struktur im Universum und enthält etwa 86 Milliarden Neuronen. Jedes Neuron kann Tausende von synaptischen Verbindungen mit anderen Neuronen bilden, wodurch ein riesiges Netz von Billionen von Verbindungen entsteht. Dieses komplizierte Netzwerk übertrifft bei weitem die Komplexität selbst der fortschrittlichsten Supercomputer.

- Das menschliche Gehirn verfügt über bemerkenswerte Verarbeitungskapazitäten und kann große Mengen an Informationen gleichzeitig verarbeiten. Die Schätzungen schwanken zwar, aber neuere Forschungen deuten darauf hin, dass seine Rechenleistung den Exaflop-Bereich (eine Quintillion oder 10^18 Berechnungen pro Sekunde) erreichen und damit mit der rohen Rechenleistung einiger Supercomputer konkurrieren oder diese sogar übertreffen könnte.

- Trotz der Rechenleistung eines Supercomputers verbraucht das menschliche Gehirn nur etwa 20 Watt Energie - das entspricht in etwa der Leistung, die zum Betrieb einer Glühbirne benötigt wird. Im Gegensatz dazu kann einer der leistungsstärksten Supercomputer der Welt, der Oak Ridge Frontier, ähnliche Exaflop-Rechengeschwindigkeiten (10^18 Berechnungen pro Sekunde) erreichen, benötigt dafür aber 20 Megawatt. Das ist eine Million Mal mehr Leistung, als das Gehirn verbraucht.

- Das menschliche Gehirn kann etwa 2,5 Petabyte an Informationen speichern, was 2,5 Millionen Gigabyte an digitalem Speicher oder mehr als 2.500 Solid-State-Festplatten (SSDs) mit 1 TB entspricht. Das ist in etwa vergleichbar mit der Datenmenge, die im World Wide Web gespeichert ist. Die Speicherkapazität des Gehirns ergibt sich aus der enormen Anzahl von Verbindungen innerhalb des Gehirns, die sich auf 100 Billionen Verbindungen zwischen seinen 100 Milliarden Neuronen beläuft.

- Ob Sie es glauben oder nicht, die überwiegende Mehrheit der Neuronen in unserem Gehirn entwickelt sich, bevor wir geboren werden. Der Höhepunkt der Neuronenproduktion findet in der mittleren Phase der Schwangerschaft statt (zwischen der 5. und 20. Woche), in der unser Gehirn erstaunliche 50.000 bis 100.000 neue Nervenzellen pro Sekunde hervorbringt. Sobald sie gebildet sind, wandern die Neuronen zu den ihnen zugewiesenen Stellen im Gehirn und beginnen, sich in spezialisierte Typen zu differenzieren. Dann beginnen sie, Verbindungen miteinander zu bilden, die so genannten Synapsen, die für die neuronale Kommunikation entscheidend sind.

- Trotz der kontinuierlichen strukturellen Verfeinerung unseres Gehirns nach der Geburt erleben wir einen allmählichen Verlust von Neuronen. Wissenschaftler schätzen, dass die Gesamtzahl der neokortikalen Neuronen zwischen dem 18. und 93. Lebensjahr um 9,5 % abnimmt[1] . Dies entspricht einem durchschnittlichen Verlust von etwa 85.000 Neuronen pro Tag, also etwa einem Neuron pro Sekunde. Einige Hirnregionen, wie der Hippocampus (verantwortlich für die Gedächtnisbildung und -konsolidierung) und der Riechkolben (beteiligt an der Geruchserkennung), bilden jedoch kontinuierlich neue Neuronen. Forscher schätzen, dass der Hippocampus während des gesamten Erwachsenenalters täglich etwa 700 bis 1.500 neue Neuronen produziert[2] , und Bewegung fördert wahrscheinlich die Bildung neuer Neuronen.

6.2 Männliche und weibliche Gehirne: Haben Gehirne ein Geschlecht?

- Das männliche und das weibliche Gehirn weisen tatsächlich Unterschiede in Struktur und Funktion auf. Forschungen haben ergeben, dass männliche Gehirne im Durchschnitt etwa 10 % größer sind als weibliche Gehirne. Der Stanford-Wissenschaftler Nirao Shah vermutet, dass neuronale Schaltkreise, die angeborene Verhaltensweisen wie Paarung und Elternschaft steuern, wahrscheinlich fest verdrahtet sind und geschlechtsspezifische Unterschiede aufweisen.

- Wissenschaftler stellen fest, dass Frauen im Allgemeinen bessere Leistungen bei verschiedenen Messungen der sprachlichen Fähigkeiten zeigen, einschließlich Leseverständnis, Schreibfähigkeiten und Redegewandtheit. Eine Ausnahme bilden die verbalen Analogien, bei denen Männer tendenziell besser abschneiden. Außerdem schneiden Frauen bei Tests zur feinmotorischen Koordination und Wahrnehmungsgeschwindigkeit besser ab. Im Gegensatz dazu verfügen Männer über bessere visuell-räumliche Fähigkeiten. Sie sind besser darin, sich vorzustellen, wie sich komplexe Formen im Raum drehen, Winkel zur Horizontalen zu bestimmen, bewegte Objekte zu verfolgen und Geschosse zu zielen.

- Frauen sind in der Regel geschickter darin, Informationen aus dem Langzeitgedächtnis abzurufen, und sie behalten stärkere, lebendigere emotionale Erinnerungen. Sie haben in der Regel umfangreichere, detailliertere Erinnerungen an emotionale Ereignisse und rufen diese Erfahrungen schneller ab als Männer. Dieses bessere Gedächtnis für emotionale Ereignisse hängt möglicherweise mit Unterschieden in der Funktion der Amygdala zusammen. Außerdem verlassen sich Frauen bei der Navigation eher auf Orientierungspunkte, während Männer in der Regel nach dem "dead reckoning"-Prinzip vorgehen, d. h. sie schätzen ihre Position anhand der zurückgelegten Entfernung und Richtung.

- Interessanterweise hat die Forschung gezeigt, dass Jungen und Mädchen von klein auf unterschiedliche Spielzeugvorlieben haben. So bevorzugen Jungen beispielsweise häufig Spielzeug mit Rädern, während Mädchen eher Plüschtiere bevorzugen. Dies deutet darauf hin, dass diese Vorlieben möglicherweise angeboren und nicht nur durch kulturelle Einflüsse geprägt sind. Bemerkenswert ist, dass bereits bei 2 bis 3 Monate alten Säuglingen Unterschiede im räumlichen Vorstellungsvermögen beobachtet werden können.

- Auch bei der Prävalenz kognitiver und neuropsychiatrischer Störungen gibt es Unterschiede zwischen den Geschlechtern. So ist die Wahrscheinlichkeit, an einer klinischen Depression oder einer posttraumatischen Belastungsstörung (PTBS) zu erkranken, bei Frauen doppelt so hoch, während bei Männern die Wahrscheinlichkeit, an Alkoholismus, Drogenabhängigkeit oder Schizophrenie zu erkranken, höher ist. Jungen sind etwa zehnmal häufiger von Legasthenie betroffen, und es ist vier- bis fünfmal wahrscheinlicher, dass bei ihnen eine Autismus-Spektrum-Störung diagnostiziert wird .[3]

6.3 Außergewöhnliche Gehirnkapazitäten: Mächtiger als wir denken

Synästhesie

- Der Spruch "Ich weiß, wie du dich fühlst" kann von hyper-empathischen Menschen mit einer seltenen Erkrankung namens Spiegelberührungssynästhesie wörtlich genommen werden. Diese Menschen fühlen tatsächlich das Gefühl, berührt zu werden, wenn sie sehen, wie eine andere Person berührt wird. Im Jahr 2007 berichteten Wissenschaftler über eine Frau mit Spiegelberührungssynästhesie, die eine Berührung auf ihrer rechten Wange spürte, als sie sah, wie jemand, der vor ihr stand, von Angesicht zu Angesicht, auf der linken Wange berührt wurde[4] . Interessanterweise war das Gefühl auf der gleichen Seite wie die berührte Person, wenn sie neben ihr stand.
- Die Spiegel-Berührungs-Synästhesie kann ins Extreme gehen und zur Spiegel-Schmerz-Synästhesie werden. Dr. Joel Salinas, der als Kind Musik und Zahlen als Farben empfand, kann den Schmerz anderer spüren. Als Medizinstudent spürte Joel Salinas den Schnitt des Operationsmessers in seinem eigenen Unterleib, als er einen Teenager auf dem Operationstisch beobachtete. Im Jahr 2008 spürte Joel die Herzdruckmassage an seinem eigenen Brustkorb und den Atemschlauch, der an seinem Hals kratzte, als er Zeuge einer Notfallrettung eines Patienten mit Herzstillstand wurde. Als der Patient starb, wurde er von einer unheimlichen Stille und Abwesenheit von Empfindungen eingehüllt[5] . Die Spiegelberührungssynästhesie half Joel aber auch, die Bedürfnisse der Patienten schnell zu erkennen und sich besser um sie zu kümmern.
- Dieser Zustand hängt mit der Aktivität der Spiegelneuronen zusammen, Gehirnzellen, die elektrische Signale nicht nur bei der Ausführung einer Handlung, sondern auch bei der Beobachtung derselben Handlung durch einen anderen auslösen. Wissenschaftler gehen davon aus, dass wir alle mit Synästhesie geboren werden, die abnimmt, wenn unnötige Gehirnverbindungen abgebaut werden. Bei Personen mit Spiegel-Tast-Synästhesie, von der etwa 1,6 % der Menschen betroffen sind, scheinen diese Spiegelneuronen auf Hochtouren zu laufen. Dies unterstützt die Idee, dass sich Empathie durch mentale Simulation der Erfahrungen anderer entwickelt.

Savant-Syndrom

- Das Savant-Syndrom ist ein seltener Zustand, bei dem Menschen mit Entwicklungsstörungen wie Autismus oder Hirnverletzungen außergewöhnliche Fähigkeiten in bestimmten Bereichen aufweisen. Diese Fähigkeiten, die oft als "Savant-Fähigkeiten" bezeichnet werden, zeigen sich typischerweise in Bereichen wie Kunst, Gedächtnis, Rechnen, Musik oder räumliche Fähigkeiten. Der häufigste Savant-Typ ist der kalendarische Savant, der oft als "menschlicher Kalender" bezeichnet wird und den Wochentag für ein bestimmtes Datum genau berechnen kann. Ein verbessertes Gedächtnis gilt als eine zentrale "Superkraft", die diesen Savant-Fähigkeiten zugrunde liegt. Obwohl das Savant-Syndrom häufiger bei Männern auftritt (das Verhältnis von Männern zu Frauen beträgt 6:1), ist schätzungsweise nur einer von einer Million Menschen davon betroffen. Das Syndrom wird nicht als psychische Störung eingestuft, sondern es wird angenommen, dass es auf der Fähigkeit des Gehirns beruht, sich neu zu organisieren und Beeinträchtigungen zu kompensieren.

- Daniel Tammet ist ein englischer Schriftsteller und Savant, der am 31. Januar 1979 geboren wurde und für seine außergewöhnliche Gedächtnisleistung bekannt ist. Tammet nimmt jede positive ganze Zahl bis zu 10.000 mit einzigartigen Formen, Farben, Texturen und Gefühlen wahr und beschreibt Zahlen mit lebhaften Bildern. Er findet 289 hässlich, 333 attraktiv und pi schön. Er hält den europäischen Rekord für das Aufsagen von Pi mit 22.514 Ziffern aus dem Gedächtnis in fünf Stunden. Außerdem ist Tammet polyglott und spricht elf Sprachen: Englisch, Estnisch, Finnisch, Französisch, Deutsch, Litauisch, Esperanto, Spanisch, Rumänisch, Isländisch und Walisisch. Er lernte Isländisch in nur einer Woche, was angesichts des Schwierigkeitsgrads der Sprache erstaunlich ist.

- Laurence Kim Peek war ein amerikanischer Savant, der am 11. November 1951 in Salt Lake City, Utah, geboren wurde. Kim war wegen seines außergewöhnlichen Gedächtnisses als "Megasavant" bekannt. Als Kind hatte Kim Probleme mit seinen motorischen Fähigkeiten. Er konnte erst im Alter von vier Jahren laufen und hatte Schwierigkeiten, sein Hemd zuzuknöpfen. Doch trotz seiner sozialen Schwierigkeiten und seiner angeborenen Hirnanomalien wurde Kim als Inspiration für die Figur Raymond Babbitt in dem Film Rain Man" von 1988 berühmt. Seine Gedächtnisleistung war bemerkenswert; er konnte sich ein ganzes Buch in etwa einer Stunde merken und den Inhalt von mindestens 12.000 Büchern genau wiedergeben. Kim las Bücher schnell, indem er die linken Seiten mit dem linken Auge und die rechten Seiten mit dem rechten Auge überflog. Seine außergewöhnlichen Fähigkeiten wurden auf einzigartige neuronale Verbindungen zurückgeführt, die auf das Fehlen des Corpus Callosum zurückzuführen sind, einer Gehirnstruktur, die die linke und die rechte Gehirnhälfte miteinander verbindet.

- Stephen Wiltshire, geboren am 24. April 1974, ist ein britischer Architekturkünstler und autistischer Savant, der für seine außergewöhnliche Fähigkeit bekannt ist, detaillierte Stadtlandschaften aus dem Gedächtnis zu zeichnen, nachdem er sie nur einmal gesehen hat. Im Alter von drei Jahren wurde bei ihm Autismus diagnostiziert, und in seinen ersten Lebensjahren war er nonverbal. Seine Faszination für das Skizzieren von Wahrzeichen begann im Alter von sieben Jahren. Sein Talent hat ihn dazu gebracht, detaillierte Panoramazeichnungen von Städten wie London, New York, Tokio, Rom, Hongkong, Frankfurt, Madrid, Dubai und Jerusalem anzufertigen. Ein bemerkenswertes Werk ist seine 5,5 m lange Zeichnung von New York City, die nach einem kurzen 20-minütigen Hubschrauberflug entstand und Manhattan, die Hudson-Küste von New Jersey, den Financial District, Ellis Island, die Freiheitsstatue und Brooklyn umfasst. Außerdem fertigte er in nur sieben Tagen ein 10 m langes Panoramagemälde von Tokio an. Im Jahr 2006 wurde Stephen für seine Verdienste um die Kunst zum Mitglied des Order of the British Empire (MBE) ernannt und eröffnete seine ständige Galerie in der Royal Opera Arcade in London.

- Jason D. Padgett, geboren 1970 in Anchorage, Alaska, ist ein amerikanischer Künstler, bei dem das Savant-Syndrom diagnostiziert wurde. Als junger Mann brach er das Tacoma Community College ab und arbeitete als Verkäufer für die Futon-Firma seines Vaters. Am 13. September 2002 erlitt Jason nach einem brutalen Angriff vor einer Karaoke-Bar in Tacoma, Washington, eine schwere Gehirnerschütterung. Nach diesem traumatischen Ereignis begann er, die Welt durch eine mathematische Linse wahrzunehmen. Wasser erschien als tangentiale Linien und Licht als Strahlen, die aus Spiralen und Linien bestehen. Diese neu gewonnene Perspektive führte dazu, dass er komplizierte geometrische Zeichnungen anfertigte, die ihm halfen, seine Zwangsstörungen und posttraumatischen Belastungsstörungen zu bewältigen. Seine außergewöhnliche Fähigkeit erregte die Aufmerksamkeit von Dr. Darold Treffert, einem renommierten Experten für Savantismus, der bei ihm das erworbene Savant-Syndrom diagnostizierte. Jason ist einer von nur 40 Menschen auf der Welt, bei denen sich nach einer Hirnverletzung oder Krankheit bemerkenswerte Talente in Mathematik, Kunst oder Musik zeigen.

- Derek Amato, geboren am 19. November 1966, war ein Unternehmenstrainer in Colorado. Sein Leben änderte sich am 27. Oktober 2006 dramatisch, als er auf der Party eines Freundes in einen Swimmingpool sprang und mit dem Kopf auf dem Boden aufschlug, wodurch er eine schwere Gehirnerschütterung erlitt und auf einem Ohr schwerhörig wurde. Ein paar Tage nach dem Unfall wurde er jedoch von Musik überflutet. Er setzte sich an ein Klavier und begann, Meisterwerke zu spielen, obwohl er vor seiner Verletzung kaum in der Lage gewesen war, das Instrument zu spielen. Er wurde 2007 von der LA Association of Independent Artists als Independent Artist of the Year ausgezeichnet und wegen seines erworbenen Savant-Syndroms "Rainman Beethoven" genannt.

- Orlando L. Serrell, geboren 1968, wurde nach einem lebensverändernden Unfall am 17. August 1979 zu einem "erworbenen Savant". Im Alter von zehn Jahren wurde Orlando von einem Baseball an der linken Seite seines Kopfes getroffen und verlor das Bewusstsein. Als er das Bewusstsein wiedererlangte, suchte er keine ärztliche Behandlung auf. Orlando litt unter anhaltenden Kopfschmerzen; nach seiner Genesung stellte er jedoch eine außergewöhnliche Fähigkeit fest, komplexe kalendarische Berechnungen durchzuführen. Er konnte den Wochentag für jedes beliebige Datum seit dem Unfall bestimmen, und er konnte sich an das Wetter und bestimmte Details jedes Tages erinnern. Mit der Zeit entwickelten sich seine Gedächtnisfähigkeiten zu einem hyperthymischen Gedächtnis, das es ihm ermöglichte, sich selbst an die kleinsten Details der täglichen Aktivitäten mit bemerkenswerter Klarheit zu erinnern. Wissenschaftler, die Orlandos außergewöhnliche Fähigkeiten untersucht haben, haben herausgefunden, dass er unbewusste Berechnungen durchführt, ohne sich den Kalender zu merken. Orlandos Geschichte ist ein Zeugnis für das unglaubliche Potenzial des menschlichen Gehirns und dafür, wie es sich nach einem Trauma auf unvorhersehbare Weise anpassen kann.

- Wissenschaftler fanden heraus, dass das Phänomen des erworbenen Savant-Syndroms mit spezifischen Veränderungen im Gehirn zusammenhängt. Nach einer Verletzung durchläuft das Gehirn einen Prozess, der als die "drei Rs" bekannt ist: Rekrutierung, Neuverdrahtung und Freisetzung. Zunächst kommt es zu einem Anstieg der elektrischen Aktivität im verbleibenden gesunden Hirngewebe, häufig in der rechten Hemisphäre. Das Gehirn bildet dann neue neuronale Verbindungen, die zuvor unverbundene Regionen miteinander verknüpfen. Dieser Prozess der Neuverdrahtung führt zur Freisetzung ruhender Fähigkeiten und ermöglicht es Menschen wie Jason, außergewöhnliche Fertigkeiten zu entwickeln. Zur Untermauerung dieser Theorie konnten Wissenschaftler der Universität Sydney bei Teilnehmern vorübergehend savant-ähnliche Fähigkeiten hervorrufen, indem sie die Aktivität in der linken Hemisphäre verringerten, während sie in der rechten Hemisphäre erhöht wurde.

- Das erworbene Savant-Syndrom unterstreicht die Idee, dass unser Gehirn kein unbeschriebenes Blatt ist. Vielmehr können sie mit angeborenem Wissen und Fähigkeiten ausgestattet sein. Savants können auf diese angeborenen Prädispositionen zugreifen und so das außergewöhnliche Potenzial des Gehirns für Kreativität und Verständnis in Musik, Kunst und Mathematik offenbaren.

Rechner für Menschen

- Shakuntala Devi (4. November 1929 - 21. April 2013) war eine indische Kopfrechnenerin, Astrologin und Schriftstellerin, die für ihr außergewöhnliches Talent im Kopfrechnen bekannt war. Obwohl sie keine formale Ausbildung hatte, zeigte sie bemerkenswerte arithmetische Fähigkeiten und war als "menschlicher Computer" bekannt. Shakuntala stellte ihre Fähigkeiten im Kopfrechnen in mehreren Ländern unter Beweis. So ermittelte sie 1977 an der Southern Methodist University in nur 50 Sekunden die 23. Wurzel aus einer 201-stelligen Zahl und übertraf damit das Computerprogramm des US Bureau of Standards. Außerdem berechnete sie 1988 an der University of California, Berkeley, die Kubikwurzel aus 61.629.875 und die siebte Wurzel aus 170.859.375 in Sekunden. Am 18. Juni 1980 stellte sie ihre außergewöhnlichen Fähigkeiten unter Beweis, indem sie zwei zufällig ausgewählte 13-stellige Zahlen - 7.686.369.774.870 × 2.465.099.745.779 - multiplizierte, die vom Department of Computing am Imperial College London ausgewählt wurden. Sie lieferte die richtige Antwort, 18.947.668.177.995.426. 462.773.730, in nur 28 Sekunden, was 1982 in das Guinness-Buch der Rekorde aufgenommen wurde.

- Aaryan Shukla, geboren im indischen Bundesstaat Maharashtra, ist ein 13-jähriges Wunderkind, das für seine außergewöhnlichen Fähigkeiten im Kopfrechnen bekannt ist. Sein schnelles Kopfrechnen brachte ihm im Jahr 2024 einen Guinness-Weltrekord ein. Am Set der italienischen Fernsehserie *Lo Show Dei Record* verblüffte Aaryan die Zuschauer, indem er 50 fünfstellige Zahlen in nur 25,19 Sekunden mental addierte - im Durchschnitt eine Addition alle 0,5 Sekunden.

Während die Zahlen vor ihm auf einem großen Bildschirm aufblitzten, und zwar so schnell, dass das Publikum sie gar nicht verarbeiten konnte, berechnete Aaryan im Geiste die Summe und gab die richtige Antwort. Aaryan gewann auch die prestigeträchtige Weltmeisterschaft im Kopfrechnen, die 2022 in Paderborn, Deutschland, stattfand. Im Jahr 2021 machte Aaryan im Alter von 10 Jahren Schlagzeilen, als er bei der Mind Sports Olympiad (UK), einem intensiven dreistündigen Online-Wettbewerb, sowohl in der offenen als auch in der Juniorenkategorie die Goldmedaille gewann. Im Wettstreit mit erfahrenen Mathematikern bewältigte Aaryan eine Reihe anspruchsvoller Aufgaben, darunter die Addition von 10-stelligen Zahlen, die Multiplikation von 7-stelligen Zahlen und das Ziehen von Quadrat- und Kubikwurzeln. Ohne Stift, Papier oder Taschenrechner übertraf Aaryan seine Konkurrenten mit seiner erstaunlichen mentalen Stärke. Er ist der jüngste bekannte menschliche Taschenrechner.

6.4 Mysteriöse Hirnanomalien

Furchtlose Kriegerin

- S.M., bekannt als "Patientin ohne Angst", ist aufgrund ihrer Unfähigkeit, Angst zu empfinden, ein bemerkenswerter Fall in der Medizingeschichte. In einer Studie aus dem Jahr 2011 testeten Forscher der Universität von Iowa den außergewöhnlichen Zustand von S.M. anhand einer Reihe von Szenarien, die darauf ausgelegt waren, Angst auszulösen[6] . Zu diesen Tests gehörten der Kontakt mit lebenden Schlangen und Spinnen, die Besichtigung eines der meistbesuchten Spukhäuser der Welt und das Ansehen von Ausschnitten aus Horrorfilmen. Trotz ihrer ausdrücklichen Abneigung gegen Schlangen konnte S.M. eine Schlange über drei Minuten lang halten und mit ihr interagieren, ohne Angst zu haben. Auch im Spukhaus oder beim Anschauen der Horrorfilme zeigte sie keine Angst, sondern fand sie spannend und unterhaltsam. In ihrem wirklichen Leben war S.M. mit lebensbedrohlichen Situationen konfrontiert, z. B. als sie in einem dunklen Park von einem starken Mann mit einem Messer bedroht wurde, aber sie empfand nie Angst. Wissenschaftler fanden heraus, dass S.M. beidseitige Läsionen in einer Gehirnstruktur namens Amygdala als Folge einer seltenen vererbbaren Krankheit hat, die als Urbach-Wiethe-Krankheit bekannt ist. Diese Erkrankung, die durch Kalziumablagerungen in der Amygdala gekennzeichnet ist, hat zu einer vollständigen Hemmung ihrer Angstreaktion geführt.

- Überraschenderweise beseitigt eine Beeinträchtigung der Amygdala nicht alle Angstreaktionen vollständig. In einer Studie aus dem Jahr 2013 stellten Wissenschaftler fest, dass S.M. zum ersten Mal seit seiner Kindheit berichtete, während einer 35%igen CO2-Inhalation Angst zu empfinden[7]. Das Einatmen einer hohen CO2-Konzentration führt zum Ersticken, eine Erfahrung, die bei S.M. auch eine Panikattacke auslöste. Dies war der erste dokumentierte Fall, in dem S.M. in irgendeiner Umgebung, sei es im Labor oder anderswo, Angst empfand. Die Forscher führten den gleichen Test mit zwei weiteren Patienten durch, die ebenfalls Amygdala-Läsionen aufgrund der Urbach-Wiethe-Krankheit hatten, und beide Patienten berichteten in ähnlicher Weise, dass sie während der CO2-Probe Angst empfanden, was die Ergebnisse bestätigte.

- Der furchtlose Jordy. Jordy Cernik, ein britischer Rundfunkproduzent, litt an einer seltenen Krankheit namens Cushing-Syndrom, die eine übermäßige Cortisolproduktion im Körper verursacht. Seit seiner ersten Diagnose im Jahr 2005 unterzog er sich mehreren Gehirnoperationen, um den Cortisolspiegel zu senken. Bei der letzten Operation im Jahr 2010 wurden seine Nebennieren vollständig entfernt und er verlor unerwartet die Fähigkeit, Angst zu empfinden. Obwohl er vor den Operationen ein ängstlicher Mensch war, spürte Jordy keine Angst oder damit verbundene Gefühle wie Aufregung oder Nervosität mehr. Ob er sich von einem 127 Meter hohen Turm abseilte oder in einem dicht besetzten Flugzeug in 19.000 Fuß Höhe saß, seine Herzfrequenz blieb unverändert. Während viele diese Furchtlosigkeit als Superkraft ansehen, kämpft Jordy mit der fehlenden Angst um die Sicherheit seiner Kinder und vermisst die Aufregung und Freude an alltäglichen Aktivitäten wie der Buchung eines Familienurlaubs. Dennoch bleibt Jordy seiner Familie durch Liebe verbunden und schätzt die Erinnerungen, die er vor den Operationen hatte.

Komm schon, dein Lächeln ist unecht

- Wir lächeln viel, und manche Lächeln sind echt, andere nicht. Nur wenige Menschen wissen jedoch, dass echtes und falsches Lächeln durch unterschiedliche neuronale Bahnen in unserem Gehirn gesteuert werden. Ein echtes Lächeln wird von Zellen in den Basalganglien gesteuert, die unwillkürliche Gesichtsausdrücke erzeugen. Im Gegensatz dazu wird ein erzwungenes oder falsches Lächeln von der motorischen Hirnrinde im vorderen Teil des Gehirns gesteuert, die geschickte, freiwillige Bewegungen erzeugt. 1862 stellte der französische Anatom G.

B. Duchenne fest, dass beim echten Lächeln der Musculus orbicularis oculi um die Augen herum beteiligt ist. Häufig sind auch die Wangen hochgezogen, Krähenfüße und die Augenbrauen leicht gesenkt. Ein echtes Lächeln ist heute als Duchenne-Lächeln bekannt.

- Die Existenz von zwei unterschiedlichen Lächelkreisläufen wird durch die Untersuchung von Patienten mit Hirnschäden belegt. Wenn zum Beispiel ein Schlaganfall den rechten motorischen Kortex (der die Bewegungen auf der linken Körperseite steuert) beeinträchtigt, kann ein Patient nur ein teilweises Lächeln auf der rechten Gesichtshälfte zeigen, wenn er dazu aufgefordert wird. Eine spontane, freudige Emotion, wie z. B. das Wiedersehen mit einem geliebten Menschen, löst jedoch ein vollständiges, symmetrisches Lächeln aus, da die Basalganglien, die für ein echtes Lächeln verantwortlich sind, nicht beeinträchtigt sind. Umgekehrt kann ein Schlaganfall, der die Basalganglien auf einer Seite beeinträchtigt, einem Patienten ermöglichen, auf Kommando ein gezwungenes, symmetrisches Lächeln zu zeigen, aber sein natürliches Lächeln wird als halbes Lächeln erscheinen, was die Schädigung des emotionalen, echten Lächelkreislaufs verdeutlicht[8] . Diese Fälle verdeutlichen, dass unser Gehirn zwei getrennte Schaltkreise für die Steuerung des willentlichen und des emotionalen Lächelns besitzt.

Gespaltenes Gehirn: Gespaltenes Selbst?

- Unsere Gehirne sind in zwei Hemisphären unterteilt, die linke und die rechte, die jeweils die gegenüberliegende Seite des Körpers steuern. Die linke Hemisphäre ist in erster Linie für Sprache und Rhythmus zuständig, während die rechte Hemisphäre eher für nicht-verbale Aufgaben wie das Erkennen von Objekten, Emotionen und Melodien zuständig ist. Die beiden Hemisphären sind durch ein dickes Bündel von Nervenfasern, das so genannte Corpus callosum, miteinander verbunden. In einigen Fällen von schwerer Epilepsie wird das Corpus callosum operativ durchtrennt, um Anfälle zu behandeln. Dieser Eingriff verhindert jedoch, dass die beiden Gehirnhälften richtig miteinander kommunizieren, was zu ungewöhnlichen Split-Brain-Symptomen führen kann.

- Eine Frau mittleren Alters suchte einen Arzt auf, weil sich ihre linke Hand gelegentlich verselbständigte und versuchte, sie zu erwürgen. Sie musste häufig ihre rechte Hand benutzen, um ihre linke Hand zurückzuhalten, oder sich sogar auf sie setzen, um sie zu stoppen. Trotz dieses beunruhigenden Verhaltens wirkte sie ansonsten normal und zeigte keine Anzeichen für neurologische Probleme. Anfänglich wurde bei ihr fälschlicherweise eine Geisteskrankheit oder Hysterie diagnostiziert. Ein Arzt stellte jedoch fest, dass ihre Symptome durch eine Schädigung des Corpus Callosum verursacht wurden. Diese Schädigung, die wahrscheinlich auf einen Schlaganfall zurückzuführen ist, hat die normalen inhibitorischen Signale von der logischen linken Hemisphäre zur emotionaleren rechten Hemisphäre unterbrochen. Infolgedessen wurde die rechte Hemisphäre, die die linke Hand kontrollierte, nicht mehr unter Kontrolle gehalten und handelte unabhängig, wobei sie scheinbar selbstmörderische Tendenzen zeigte. Dies führte dazu, dass die linke Hand der Frau versuchte, sie auf eine scheinbar unkontrollierbare Weise zu erwürgen .[8]

- Die Forscher entdeckten auch, dass ein Objekt, das dem rechten Auge eines Split-Brain-Patienten (das Signale an die linke Hemisphäre sendet) gezeigt wird, von dem Patienten problemlos benannt werden kann, da die linke Hemisphäre für die Sprache dominant ist. Wird es jedoch dem linken Auge gezeigt (das Signale an die rechte Hemisphäre sendet), kann der Patient das Objekt nicht verbal beschreiben, aber dennoch mit der linken Hand das entsprechende Objekt auswählen. In einem berühmten Experiment mit einem Split-Brain-Patienten namens "Joe" wurde ihm das Wort "Texas" vor das linke Auge (das von der rechten Hemisphäre verarbeitet wird) gehalten. Seine linke Hand (ebenfalls von der rechten Hemisphäre gesteuert) zeichnete daraufhin einen Cowboyhut. Als Joe jedoch gefragt wurde, warum seine linke Hand den Hut zeichnete, konnte er dies nicht erklären, da sein Sprachzentrum (in der linken Hemisphäre) keine Informationen über das Wort[9] erhalten hatte.

- Bei diesen Patienten mit gespaltenem Gehirn hat es den Anschein, als gäbe es zwei getrennte Bewusstseine in ein und demselben Körper, von denen eines für die Sprache und das andere für nonverbale Aktionen wie Zeigen oder Zeichnen zuständig ist. Solche Studien zeigen, wie verschiedene Hirnregionen unabhängig voneinander funktionieren können, wenn sie nicht miteinander kommunizieren können, was zu einigen faszinierenden Verhaltensweisen und Erkenntnissen darüber führt, wie unser Bewusstsein im Gehirn aufgeteilt sein könnte.

Blindes Auge: Unbewusstes Beobachten

- Um die Welt wahrzunehmen, sind wir in hohem Maße auf unser Sehvermögen angewiesen. Etwa 90 % der Informationen, die an unser Gehirn weitergeleitet werden, stammen aus dem visuellen Input. Wenn wir etwas beobachten, fällt Licht in unsere Augen, und die Bilder werden auf der Netzhaut fokussiert, die Fotorezeptorzellen enthält. Diese Zellen wandeln das Licht in elektrische und chemische Signale um, die über den Sehnerv an den primären visuellen Kortex weitergeleitet werden, der sich im Okzipitallappen im hinteren Teil des Gehirns befindet. Das Gehirn verarbeitet dann diese Signale und erzeugt ein visuelles Bild. Jede Störung dieser Sehbahn, einschließlich einer Schädigung der Netzhaut oder des visuellen Kortex, kann zur Erblindung führen.

- Ärzte trafen jedoch auf blinde Patienten, die ungewöhnliche Verhaltensweisen zeigten. Ein gut untersuchter Patient, bekannt als DB, erlitt bei einer Gehirnoperation zur Behandlung von Kopfschmerzen eine Schädigung seiner Sehrinde. Obwohl seine Augen gesund waren, konnte DB in der linken Hälfte seines Gesichtsfelds nichts bewusst wahrnehmen. Alles, was sich links von seiner Nase befand, war völlig unsichtbar, so als ob ein Vorhang über diese Seite seines Sehvermögens gezogen worden wäre. Obwohl er glaubte, dass er in diesem Bereich nichts sehen konnte, ließen seine Handlungen auf etwas anderes schließen. Er konnte nach einem Gegenstand in seinem toten Winkel greifen, als ob er von einer Art "zweitem Augenlicht" geleitet würde, auch wenn er sich nicht bewusst war, dass er ihn sah. Als Psychologen Objekte vor DBs blindem Fleck platzierten und ihn aufforderten, auf sie zu zeigen oder ihre Ausrichtung zu bestimmen, behauptete er, er könne nichts sehen. Wenn man ihn jedoch bat, zu raten, war er in den meisten Fällen erstaunlich genau - weit über den Zufall hinaus[10]. Obwohl DBs bewusste Sehkraft beeinträchtigt war, verarbeitete sein Gehirn immer noch einige visuelle Informationen unbewusst, was es ihm ermöglichte, bestimmte Aufgaben auszuführen, ohne sich des Sehens bewusst zu sein.

- Ein anderer Patient, bekannt als TN, verlor sein Sehvermögen vollständig, nachdem er zwei Schlaganfälle erlitten hatte, die den visuellen Kortex in beiden Gehirnhälften beschädigten. Dies führte zur völligen Erblindung. Trotzdem zeigte ein außergewöhnliches Experiment, das das Team von Tamietto und Weiskrantz 2008 durchführte, dass TN immer noch über eine bemerkenswerte, unbewusste Fähigkeit verfügte, sich in seiner Umgebung zurechtzufinden. In dem Experiment entfernten die Forscher TNs Stock und platzierten verschiedene Möbelstücke in einem langen Flur, um Hindernisse zu schaffen, über die er möglicherweise stolpern könnte. TN wurde gebeten, den Flur entlangzugehen, und obwohl er angab, nicht sehen zu können, umging er die Gegenstände beim ersten Versuch geschickt, ohne gegen alle Hindernisse zu stoßen. Zur Überraschung der Forscher behauptete TN hinterher, dass er sich überhaupt nicht bewusst war, die Objekte gesehen oder umgangen zu haben. Er glaubte, er sei einfach geradeaus durch den Gang gelaufen, ohne sich seiner Bewegungen bewusst zu sein[11] . Dieser Fall zeigt, dass TN zwar aufgrund der Schädigung seines visuellen Kortex kein bewusstes Sehen mehr hatte, dass aber andere Gehirnbahnen außerhalb des visuellen Kortex - die so genannten extra-striaten Bahnen - noch funktionierten und sein Verhalten steuerten.

- Die Forschung an Blindsight-Patienten macht deutlich, dass das Bewusstsein nicht alles über die Funktionsweise unseres Gehirns aussagt. Wir denken oft, dass wir bewusste Entscheidungen treffen, aber unser Gehirn entscheidet möglicherweise, bevor wir uns dessen bewusst sind. Diese Patienten zeigen, dass das Gehirn auch ohne bewusstes Sehen noch visuelle Informationen verarbeiten und ihre Handlungen steuern kann. Dies deutet darauf hin, dass unser Unterbewusstsein komplexe Aufgaben bewältigen kann und dass das Bewusstsein die vom Gehirn verarbeiteten Informationen lediglich zusammenfasst. Diese Erkenntnisse veranlassen die Wissenschaftler dazu, unser Verständnis des Bewusstseins zu überdenken, und die Untersuchung von Patienten wie TN könnte schließlich dazu beitragen, die Geheimnisse seiner wahren Natur zu lüften.

Phantom-Gliedmaßen: Sie sind da

- Ein Phantomglied ist die Erfahrung, ein amputiertes Glied noch zu spüren. Es kann Schmerzen, Druck, Juckreiz oder andere Empfindungen an der fehlenden Gliedmaße umfassen. Phantomempfindungen können sich sehr real anfühlen, und es kann leicht sein, dass man glaubt, die Gliedmaße sei noch da. Die Patienten können die geisterhafte Anwesenheit von Fingern und Zehen spüren und sogar Handlungen ausführen, wie z. B. das Ausstrecken und Ergreifen von Gegenständen. Phantom-Empfindungen sind eine häufige Erfahrung, von der etwa 90 % der Amputierten betroffen sind.

- Ein Patient, dem ein Arm amputiert worden war, verspürte kurz nach der Operation ein Phantomgefühl, wie es häufig vorkommt. Nach einigen Wochen spürte er jedoch ein seltsames, nagendes Gefühl in seinem Phantomglied. Aus Neugier fragte er seinen Arzt, was er mit seinem amputierten Arm gemacht hatte, doch dieser wusste nichts davon und schlug ihm vor, den Chirurgen zu kontaktieren. Nach einigen Telefonaten erfuhr der Patient, dass der amputierte Arm an das Pathologielabor geschickt worden war, anstatt verbrannt zu werden. Leider hatte das Pathologielabor bereits so viele amputierte Arme, dass sie den Arm des Patienten im Garten hinter dem Krankenhaus vergraben hatten. Als der Patient den Arm exhumierte, stellte er fest, dass er von Maden befallen war! Der Arm wurde daraufhin verbrannt, und das Phantom des Patienten mit dem nagenden Gefühl verschwand[8] . Deutet dies auf eine anhaltende Verbindung zwischen dem Patienten und seinem amputierten Arm hin? Die Antwort bleibt schwer zu finden.

- Neben den Phantomschmerzen von Amputierten können in seltenen Fällen auch Patienten mit normalen Gliedmaßen eine zusätzliche Gliedmaße, ein so genanntes supernumeräres Phantom (SPL), empfinden. In einer Fallstudie erlebte ein 78-jähriger Patient nach einer Blutung der rechten Basalganglien ein SPL. Nach plötzlichen Kopfschmerzen und Schwächegefühl in der linken Körperhälfte wurde bei einer CT-Untersuchung eine Hirnblutung festgestellt, die bis in den Thalamus reichte. Am zweiten Tag des Krankenhausaufenthalts begann der Patient, einen Phantomarm neben seinem gelähmten linken Arm zu spüren. Er konnte diesen Arm weder sehen noch berühren, spürte ihn aber sehr deutlich und berichtete, dass er in Größe und Form seinem echten Arm ähnelte. Die Empfindung des Phantomarms war konstant und wurde weder durch das Schließen der Augen noch durch den Blick auf den echten Arm beeinträchtigt. Interessanterweise konnte der Patient den Phantomarm willentlich bewegen, einschließlich Winken, Greifen und Berühren von Gegenständen, und zwar mit einer Kraft, die mit der seines gesunden rechten Arms vergleichbar war. Allerdings konnte er den Phantomarm nicht weit ausstrecken oder Handschuhe an seiner echten linken Hand ertasten, wenn er versuchte, sie mit dem Phantomarm zu ertasten. Der Patient verspürte weder in seinem echten, gelähmten Arm noch im Phantomarm Schmerzen oder Beschwerden. Sein Phantomarm verschwand nach 3 Wochen .[12]

- Später entdeckten Wissenschaftler, dass Phantomempfindungen bei amputierten Gliedmaßen durch einen Prozess namens kortikale Neuzuordnung im Gehirn entstehen. Nach einer Amputation empfängt das Gehirn keinen sensorischen Input mehr von der fehlenden Gliedmaße. Die Hirnregionen, die zuvor die Gliedmaße gesteuert haben, bleiben jedoch nicht inaktiv. Stattdessen werden diese Regionen von nahe gelegenen Bereichen auf der sensorischen Landkarte des Gehirns "übernommen". Im Fall eines Patienten namens Tom wurden die Empfindungen seiner fehlenden Hand ausgelöst, wenn bestimmte Körperteile wie sein Gesicht oder sein Oberarm berührt wurden[8]. Dies geschah, weil die sensorischen Bereiche für das Gesicht und den Oberarm im sensorischen Kortex des Gehirns neben dem Handbereich liegen. Nach der Amputation begannen die sensorischen Nerven, die normalerweise das Gesicht oder den Oberarm aktivierten, in den leeren Handbereich des Gehirns "einzudringen". Dieser Prozess der Neuzuordnung führte dazu, dass Berührungsempfindungen aus dem Gesicht oder dem Oberarm in der fehlenden Hand "gefühlt" wurden, was zu einem Phantom-Empfinden der Gliedmaßen führte.

- Interessanterweise haben Ärzte entdeckt, dass Spiegel manchmal störende Phantomschmerzen lindern können, insbesondere nach einer Hand- oder Armamputation. Indem man einen Spiegel so aufstellt, dass er die gesunde Gliedmaße des Patienten reflektiert, und den Patienten diese Gliedmaße bewegen lässt, wird die Illusion erzeugt, dass sich die Phantom-Gliedmaße ebenfalls bewegt. Diese Technik gaukelt dem Gehirn vor, dass die fehlende Gliedmaße vorhanden ist, was dem motorischen Kortex ein positives Feedback gibt und zur Schmerzlinderung beiträgt. In jüngster Zeit wurden andere Ansätze wie die kognitive multisensorische Rehabilitation (CMR) entwickelt, um die multisensorische Körperwahrnehmung wiederherzustellen und Phantomschmerzen bei Patienten zu verringern.[13]

Der Mann ohne Gedächtnis

- H.M. (1926-2008) ist einer der berühmtesten Fälle in der neurowissenschaftlichen Gedächtnisforschung. Im Alter von 7 Jahren erlitt H.M. einen Fahrradunfall, der zu schwerer Epilepsie führte. Als er 27 Jahre alt war, waren seine Anfälle so stark, dass er kein normales Leben mehr führen konnte. Im Jahr 1953 unterzog er sich einer experimentellen Gehirnoperation, um seine schweren Anfälle zu kontrollieren. Bei dem Eingriff wurden große Teile seines Schläfenlappens entfernt, einschließlich beider Seiten einer Hippocampus genannten Gehirnstruktur. Während die Operation seine Anfälle erfolgreich reduzierte, stellten die Ärzte fest, dass H.M. die Fähigkeit verloren hatte, neue Langzeitgedächtnisse zu bilden, ein Zustand, der als anterograde Amnesie bekannt ist. H.M. konnte sich nur noch an Ereignisse vor seiner Hirnoperation erinnern, während sein Kurzzeitgedächtnis (z. B. das Erinnern einer Telefonnummer, um einen Anruf zu tätigen) und sein prozedurales Gedächtnis (das beim Erlernen von Fertigkeiten wie Fahrradfahren eine Rolle spielt) intakt blieben. Bemerkenswerterweise konnte H.M. immer noch Kreuzworträtsel lösen, indem er das Wissen nutzte, das er vor der Operation im Jahr 1953 erworben hatte. Der Fall von H.M. lieferte ein grundlegendes Verständnis für die Rolle des Hippocampus bei der Gedächtnisbildung.

- Im Gegensatz dazu zeigen andere Patientenfälle, dass der Gedächtnisverlust auch retrograd sein kann, d. h. der Verlust älterer Erinnerungen. Ein bemerkenswerter Fall ist der von S.B., einem ehemaligen NFL-Spieler, der 2008 eine Kopfverletzung erlitt, nachdem er in einer Toilette ausgerutscht war. Die Verletzung führte zu einem nahezu vollständigen Verlust seiner Erinnerungen an die Zeit vor dem Vorfall, ein Zustand, der als retrograde Amnesie bekannt ist. Er war nicht in der Lage, sich an 46 Jahre seines Lebens zu erinnern, einschließlich seiner Identität, seiner Frau, seiner Kinder und seiner Karriere. Er konnte sogar das Wort "Frau" nicht mehr verstehen und hatte keine Erinnerung an wichtige Lebensereignisse wie seine Fußballkarriere oder die Geburten seiner Kinder. Er erkannte weder seine Familie noch sein Zuhause und wusste nicht einmal mehr, wie er sein Auto starten konnte. Im Laufe der Zeit konnte S.B. seine Vergangenheit anhand von Geschichten und Fotos, die ihm seine Frau und Freunde mitteilten, wieder zusammensetzen, aber er konnte seine Erinnerungen nicht vollständig zurückgewinnen. Die Ärzte stellten fest, dass der rechte Schläfenlappen (wo sich der Hippocampus befindet), ein Schlüsselbereich für die Gedächtnisspeicherung, nicht mehr durchblutet wurde, so dass sein Zustand wahrscheinlich irreversibel ist[14] . Im Gegensatz zur anterograden Amnesie, bei der keine neuen Erinnerungen gebildet werden können, kann S.B. zwar neue Erinnerungen schaffen, sich aber nicht an den Großteil seines früheren Lebens erinnern.

- Dank dieser Patienten konnten die Wissenschaftler die für die Gedächtnisbildung und -abfrage entscheidenden Hirnregionen entdecken. Wir wissen jetzt, dass eine Schädigung des mittleren Schläfenlappens des Gehirns, insbesondere des Hippocampus, in erster Linie sowohl für anterograde als auch für retrograde Amnesie verantwortlich ist, da diese Region für die Konsolidierung und den Abruf von Erinnerungen entscheidend ist. Bei der anterograden Amnesie, bei der die Patienten nach der Hirnschädigung keine neuen Erinnerungen bilden können, ist die Beeinträchtigung am stärksten mit dem Hippocampus selbst verbunden. Bei der retrograden Amnesie hingegen, bei der die Patienten Erinnerungen aus der Zeit vor der Hirnverletzung verlieren, ist die Schädigung in den umliegenden Bereichen des medialen Temporallappens zu finden, z. B. im Gyrus parahippocampus.

- Tatsächlich ist Gedächtnisverlust weiter verbreitet, als uns bewusst ist. Er tritt vor allem bei älteren Erwachsenen und Demenzkranken (z. B. Alzheimer-Kranken) auf. Schätzungsweise 40 % der über 65-Jährigen und fast alle Alzheimer-Patienten leiden unter einer Form von Gedächtnisverlust. Wissenschaftler gehen jedoch davon aus, dass in diesen Fällen die Erinnerungen nicht wirklich verloren gehen, sondern dass wir nur die Fähigkeit verlieren, sie abzurufen. Wenn dies der Fall ist, gibt es dann eine Möglichkeit, den Zugang zu diesen Erinnerungen wiederzuerlangen?

- Jüngste Studien legen nahe, dass dies möglich ist. Im Jahr 2015 entdeckten Neurowissenschaftler des MIT, dass durch Amnesie "verlorene" Erinnerungen mit Hilfe von Licht reaktiviert werden können, und zwar durch eine Technik namens Optogenetik. Das MIT-Team unter der Leitung von Susumu Tonegawa nutzte die Optogenetik, um Neuronen mit Licht zu manipulieren. Sie wiesen nach, dass Erinnerungen in Gruppen von Gehirnzellen, den so genannten Gedächtnis-Engramm-Zellen, gespeichert werden, die bei der Bildung einer Erinnerung physikalische oder chemische Veränderungen erfahren. Die Forscher wiesen nach, dass diese Gedächtniszellen bei Personen mit Amnesie zwar noch vorhanden sind, dass sie aber ohne die notwendige synaptische Verstärkung, die so genannte Langzeitpotenzierung (LTP), die Erinnerungen nicht mehr abrufen können. Das Team experimentierte mit Mäusen und blockierte die LTP mit einem Medikament namens Anisomycin, um die Gedächtniskonsolidierung zu verhindern, nachdem die Mäuse neue Erinnerungen gebildet hatten. Die Mäuse waren nicht in der Lage, diese Erinnerungen auf natürlichem Wege abzurufen; als die Wissenschaftler jedoch die Engrammzellen direkt mit Licht aktivierten, erinnerten sich die Mäuse vollständig an die Erinnerung, was beweist, dass sie nicht verloren ging, sondern nur unzugänglich war[15] . Diese bahnbrechende Forschung greift eine seit langem geführte Debatte in der Neurowissenschaft über Amnesie auf und zeigt, dass es möglich ist, Gedächtnisverluste zu behandeln, wenn die richtigen Auslöser vorhanden sind.

Frontallappen und Persönlichkeit: Nicht mehr er selbst

- Phineas Gage (1823-1860), ein amerikanischer Eisenbahnarbeiter, erlitt 1848 im Alter von 25 Jahren ein traumatisches Hirntrauma. Die Verletzung ereignete sich, als Gage Sprengstoff für den Eisenbahnbau vorbereitete. Ein Funke entzündete das Pulver und schleuderte eine Eisenstange durch seine linke Wange, hinter sein linkes Auge und durch die Schädeldecke hinaus, wodurch sein linker Frontallappen erheblich beschädigt wurde. Obwohl Gage die Verletzung überlebte und sein Gedächtnis und seine allgemeine Intelligenz behielt, veränderten sich seine Persönlichkeit und sein Verhalten dramatisch. Vor dem Unfall war er dafür bekannt, dass er verantwortungsbewusst, fleißig und sehr beliebt war. Danach wurde er jedoch impulsiv, respektlos und neigte zu unangemessenem Verhalten, was Freunde zu der Bemerkung veranlasste, er sei "nicht mehr Gage". Trotz der Schwere seiner Verletzung lebte Gage noch 12 Jahre lang und arbeitete sogar als Postkutschenfahrer in Chile. Sein Schädel und die Eisenstange sind heute an der Harvard University ausgestellt. Der Fall Gage ist nach wie vor einer der bekanntesten in den Neurowissenschaften und der Psychologie, da seine Verletzung entscheidende Erkenntnisse über die Rolle des Frontallappens bei der Entscheidungsfindung, der Emotionsregulierung und dem Sozialverhalten lieferte.

- Unser Verständnis der Rolle des Frontallappens für die Persönlichkeit stammt auch aus der Praxis der Lobotomie. Bei der Lobotomie handelt es sich um einen chirurgischen Eingriff, bei dem die Verbindungen zwischen dem Frontallappen und dem Thalamus unterbrochen werden. Sie wurde früher zur Behandlung von Geisteskrankheiten eingesetzt, die auf Standardbehandlungen nicht ansprachen, wie Zwangsstörungen, schwere depressive Erkrankungen, Psychosen, Schizophrenie, manisch-depressive Psychosen (heute bipolare Störungen genannt), chronische Neurosen und psychopathische Persönlichkeiten. Die Idee war, dass Ärzte durch die Abschaltung der "überaktiven" Teile des Gehirns Symptome wie Angstzustände, Stimmungsschwankungen und Aggressionen verringern könnten. Die in den 1930er und 1940er Jahren eingeführte Lobotomie wurde Mitte des 20. Jahrhunderts häufig praktiziert. Jahrhunderts häufig praktiziert. Sie wurde jedoch bald kritisiert, weil sie schwere und oft irreversible Nebenwirkungen hatte, darunter tief greifende Veränderungen der Persönlichkeit und der geistigen Leistungsfähigkeit der Patienten. Nach der Einführung des ersten antipsychotischen Medikaments, Chlorpromazin (ursprünglich als "Beruhigungsmittel" entwickelt), im Jahr 1951 ging die Zahl der durchgeführten Lobotomien drastisch zurück, bevor das Verfahren weitgehend aufgegeben wurde.

- Der Fall von Howard Dully ist ein Beispiel für die möglichen negativen Auswirkungen der Lobotomie. Howard Dully unterzog sich 1960 im Alter von 12 Jahren einer transorbitalen Lobotomie. Die Operation wurde von Dr. Freeman durchgeführt und war sehr umstritten, da bei Dully keine schwere Geisteskrankheit diagnostiziert worden war; seine Stiefmutter beschrieb ihn als schwer erziehbar. Sie behauptete, er sei aufsässig, und Freeman stimmte dem Eingriff zu, obwohl Dully nicht die typischen Kriterien für einen solch drastischen Eingriff erfüllte. Die Lobotomie zielte auf Dullys präfrontalen Kortex, die Hirnregion, die für die Entscheidungsfindung, die emotionale Regulierung und die Impulskontrolle zuständig ist. Durch die Unterbrechung der Verbindungen in diesem Bereich sollte die Operation ihn "beruhigen", aber sie führte zu dauerhaften Auswirkungen. Nach der Operation litt Dully unter emotionaler Gefühllosigkeit und mangelndem Engagement für die Welt. Seine kognitiven Fähigkeiten ließen nach, und er hatte Schwierigkeiten, sich zu konzentrieren und kritisch zu denken. Außerdem fiel es ihm schwer, Beziehungen einzugehen, und sein soziales Verhalten wurde unberechenbar[16] . Dully hatte mit Alkoholismus, Obdachlosigkeit und Depressionen zu kämpfen. Im Laufe der Zeit zeigte er jedoch eine bemerkenswerte Widerstandsfähigkeit und erreichte allmählich eine größere Stabilität in seinem Leben. Später dokumentierte Dully seine Erfahrungen in seinen Memoiren *"My Lobotomy" (Meine Lobotomie)* mit dem Ziel, andere über die Risiken der Psychochirurgie aufzuklären und sich für eine bessere psychiatrische Versorgung einzusetzen.

- Unser heutiges Wissen über den Frontallappen hilft uns, die emotionale Entwicklung und das Verhalten von Jugendlichen besser zu verstehen. Teenager sind besonders anfällig für riskantes Verhalten wie gefährliches Autofahren, Drogenkonsum und Suchtverhalten. Die Forschung hat gezeigt, dass sich das Gehirn von Teenagern, insbesondere der Frontallappen, langsam entwickelt. Diese verzögerte Entwicklung in Verbindung mit der früheren Reifung der Belohnungszentren des Gehirns ist eine Erklärung für das impulsive Verhalten von Teenagern. Der Frontallappen spielt eine entscheidende Rolle bei der Entscheidungsfindung und Risikobewertung; seine langsamere Entwicklung bedeutet, dass Teenager biologisch gesehen empfänglicher für Vergnügungssucht sind, während sie nur begrenzt in der Lage sind, potenzielle Risiken vollständig zu verstehen. Studien zeigen, dass das Gehirn von Teenagern nur zu etwa 80 % entwickelt ist, wobei einige Regionen erst im Alter von etwa 30 Jahren ihre volle Reife erreichen[17] . Dieser ungleichmäßige Entwicklungsverlauf trägt dazu bei, dass Teenager Schwierigkeiten bei der Planung und Risikobewertung haben. Als Eltern und Pädagogen ist es wichtig, Teenager über ihre Gehirnentwicklung aufzuklären, damit sie ihr Verhalten verstehen, ungesunde Muster erkennen und sich möglicher Warnzeichen für ernstere Probleme bewusst sind.

Hemineglect-Syndrom: Essen Sie nur die rechte Hälfte des Tellers

- A.B. erlitt am 5. November 2007 einen Schlaganfall, der sein Leben völlig veränderte. Nach dem Schlaganfall begann er, Gegenstände, Menschen und Geräusche auf seiner linken Seite unbewusst zu übersehen. Beim Gehen weicht er nach rechts aus, stößt gegen Mauern und Hecken und scheint die potenziellen Gefahren auf der linken Seite nicht zu bemerken. Aufgrund dieser mangelnden Aufmerksamkeit für die linke Seite ist er nicht in der Lage, allein auf die Straße zu gehen. Seine visuelle Vernachlässigung wirkt sich selbst auf die einfachsten Aufgaben aus: Er rasiert sich nur die rechte Gesichtshälfte, lässt das Essen auf der linken Seite seines Tellers unberührt und malt nur die Hälfte der Objekte in seinen Kunstwerken, wie z. B. ein Schwein, dem der halbe Kopf fehlt, oder ein Rotkehlchen, das nur auf der rechten Seite Details aufweist. In einem Test markierte er die Mitte einer 25 cm langen Linie nur 2 cm vom rechten Rand entfernt, als ob er die linke Hälfte der Linie nicht kennen würde. Selbst mit Übung hat sich seine Fähigkeit, dies zu korrigieren, nur geringfügig verbessert .[18]

- Die Ärzte stellten fest, dass A.B.'s Schlaganfall seinen rechten Scheitellappen beschädigt hatte, eine Hirnregion im oberen und hinteren Teil des Kopfes, die für die Steuerung der Aufmerksamkeit zuständig ist. Interessanterweise blieb A .B.'s Sehvermögen intakt; seine linke Seite funktionierte perfekt, aber sein Gehirn "kümmerte" sich einfach nicht um sie. Dieser Zustand ist heute als Hemineglect (auch als einseitige oder räumliche Vernachlässigung bezeichnet) bekannt und entsteht in der Regel durch eine Schädigung des Scheitellappens, häufig infolge eines Schlaganfalls. Ein Hauptmerkmal des hemisphärischen Neglects, das A .B. aufweist, ist das fehlende Bewusstsein für das linksseitige Defizit. Wenn er aufgefordert wird, sich auf seine vernachlässigte Seite zu konzentrieren, versteht er nicht, was ihm fehlt, da sein Gehirn das Fehlen nicht registriert. Dieser Mangel an Bewusstsein macht die Erkrankung besonders komplex und schwierig.

- Eine Schädigung des rechten Scheitellappens ist am häufigsten und führt zu einer Vernachlässigung der linken Seite des Raums. Dies liegt daran, dass die rechte Gehirnhälfte, insbesondere der rechte Scheitellappen, für die Wahrnehmung beider Seiten des Raums zuständig ist. Im Gegensatz dazu konzentriert sich der linke Scheitellappen hauptsächlich auf die rechte Seite des Raums, möglicherweise aufgrund seiner starken Beteiligung am Sprachverständnis. Wenn der rechte Scheitellappen geschädigt ist, verliert das Gehirn seine Fähigkeit, die linke Seite wahrzunehmen, während der linke Scheitellappen weiterhin die rechte Seite wahrnimmt. Diese Asymmetrie erklärt, warum die linksseitige Vernachlässigung (infolge einer Schädigung des rechten Scheitellappens) häufiger und schwerwiegender ist als die rechtsseitige Vernachlässigung (infolge einer Schädigung des linken Scheitellappens), da die intakte rechte Hemisphäre dies kompensieren kann, indem sie bei einer Schädigung des linken Scheitellappens auf beide Seiten achtet.

- Patienten mit Hemineglect können in extremen Situationen überraschende und unerwartete Verhaltensweisen zeigen. Obwohl sie zum Beispiel normalerweise Objekte oder Personen auf ihrer linken Seite ignorieren, können sie reagieren, wenn in diesem Bereich etwas Wichtiges passiert. Ein Mann mit Hemineglect, der normalerweise seine linke Seite ignorierte, vermied es konsequent, gegen ein Kätzchen zu stoßen, das in der Nähe des linken Rades seines Rollstuhls spielte, obwohl er die Anwesenheit des Kätzchens nie verbal anerkannte[19] . Obwohl diese Patienten häufig eine Schwäche der linken Gliedmaßen aufweisen, können sie manchmal ihre linken Gliedmaßen spontan benutzen. Selbst wenn sie Schwierigkeiten haben, ihren linken Arm auf Kommando zu heben, können sie ihn beispielsweise unbewusst einsetzen, um eine Fliege in ihrem Gesicht zu verscheuchen! Diese Handlungen zeigen, dass Hemineglect zwar die bewusste Wahrnehmung beeinträchtigt, die Patienten aber unter bestimmten Bedingungen immer noch auf Reize auf ihrer vernachlässigten Seite reagieren können, ähnlich wie Menschen mit Blindheit.

- Wissenschaftler und Ärzte haben Möglichkeiten erforscht, um die rechtsseitige Verzerrung bei Hemineglect-Patienten zu verringern. Eine Studie ergab, dass Motivation die Leistung dieser Patienten verbessern kann. In einem Experiment wurden die Patienten aufgefordert, auf einer unübersichtlichen Seite entweder Münzen oder Knöpfe einzukreisen. Als den Patienten in einem zweiten Test eine finanzielle Belohnung für das Einkreisen von Münzen angeboten wurde, zeigten sie eine signifikante Verbesserung bei der Münzaufgabe, nicht aber bei der Knopfaufgabe, die nicht mit einer Belohnung verbunden war[18] . Dies deutet darauf hin, dass Anreize ein nützliches Instrument in der Schlaganfallrehabilitation sein können.

Leben ohne Gehirn

- In einer bemerkenswerten Lancet-Studie aus dem Jahr 2007 berichteten Ärzte über den ungewöhnlichen Fall eines 44-jährigen französischen Beamten, der trotz einer extrem geringen Menge an Hirngewebe ein normales Leben führte. Nachdem der Patient zwei Wochen lang eine Schwäche im linken Bein verspürt hatte, suchte er das Krankenhaus auf. Überraschenderweise zeigten Gehirnscans einen massiven, mit Flüssigkeit gefüllten Hohlraum, der den größten Teil seines Schädels einnahm, mit einer erheblichen Vergrößerung des lateralen, dritten und vierten Ventrikels. In diesen Kammern des Gehirns zirkuliert normalerweise Liquor, der dann abgeleitet wird. Im Fall dieses Mannes sammelte sich die Flüssigkeit jedoch an und verursachte einen Zustand, der als Hydrozephalus bekannt ist. Trotz des Fehlens des größten Teils seines Hirngewebes führte der Mann ein typisches Leben - er war verheiratet, hatte zwei Kinder und hatte einen IQ von 75, der zwar unter dem Durchschnitt lag, aber nicht als geistige Behinderung eingestuft wurde[20]. Der Fall überraschte die Ärzte und veranschaulichte die bemerkenswerte Fähigkeit des Gehirns, sich anzupassen und wesentliche Lebensfunktionen aufrechtzuerhalten.

- Dies war keineswegs der erste Fall eines Patienten, der ohne eine normale Gehirnstruktur überlebte. Im Jahr 1980 beschrieb ein Artikel in Science mit dem Titel "Is Your Brain Really Necessary?" einen bemerkenswerten Fall, der von Neurologieprofessor Dr. John Lorber an der Universität Sheffield untersucht wurde. Ein begabter Mathematikstudent mit einem IQ von 126 wurde an Lorber überwiesen, nachdem sein Campus-Arzt bemerkt hatte, dass sein Kopf etwas größer als gewöhnlich war. Eine Computertomographie ergab, dass der Student fast kein Hirngewebe mehr hatte - nur noch weniger als 1 Millimeter (0,04 Zoll) Hirnmasse anstelle der für einen normalen Erwachsenen typischen 45 Millimeter (1,77 Zoll)[21]. Ähnlich wie im vorigen Fall litt der Student an einem Hydrocephalus, einer Erkrankung, bei der sich Liquor im Schädel ansammelt, anstatt richtig zu zirkulieren und abzuleiten. Trotz dieser Erkrankung, die in der Regel in der frühen Kindheit tödlich verläuft, lebte der Schüler ein normales Leben und schloss sein Mathematikstudium sogar mit Auszeichnung ab. Dieser Fall stellte das herkömmliche Verständnis der Gehirnfunktion in Frage und verdeutlichte die außergewöhnliche Anpassungsfähigkeit des Gehirns.

- Der auffälligste Fall ist der von Trevor Judge Waltrip, einem Jungen, der ohne Gehirn geboren wurde und 2014 im Alter von 12 Jahren verstarb. Trevor wurde an Heiligabend 2001 mit Hydranenzephalie geboren, einer seltenen Erkrankung, bei der die Gehirnhälften vollständig fehlen und durch mit Liquor gefüllte Säcke ersetzt werden. Er hatte nur einen Hirnstamm, der es ihm ermöglichte, zu atmen, einen Herzschlag aufrechtzuerhalten und auf einige Reize zu reagieren, obwohl er blind war und sich nicht verbal mitteilen konnte. Trotz der Voraussagen der Ärzte, dass er nicht länger als 12 Wochen überleben würde, trotzte Trevor allen Widrigkeiten und lebte 12 Jahre lang[22] . Seine Mutter bemerkte, dass er wachsam war, nicht gern allein war und seine Umgebung wahrnehmen konnte. Für Trevors Zustand gab es keine bekannte Heilung, und er benötigte eine Ernährungssonde und Physiotherapie. Der Fall von Trevor veranlasste die Wissenschaftler, die Rolle des Gehirns in unserem Leben zu überdenken, und warf tiefgreifende Fragen über die wesentlichen Bestandteile des menschlichen Bewusstseins auf.

Bewusst vegetativ: Ich weiß, was vor sich geht

- Im Jahr 2024 wurde im New England Journal of Medicine eine überraschende Studie veröffentlicht, aus der hervorging, dass mindestens 25 % der Menschen mit schweren Hirnverletzungen, die physisch nicht ansprechbar zu sein scheinen, tatsächlich bei Bewusstsein sind und ihre Umgebung wahrnehmen. Dieser Durchbruch stellt bisherige Annahmen über das Bewusstsein vegetativer Patienten in Frage und verdeutlicht das als kognitiv-motorische Dissoziation bekannte Phänomen, bei dem Menschen zwar geistig, aber nicht körperlich reagieren können. An dieser multizentrischen Studie waren sechs medizinische Einrichtungen in vier Ländern beteiligt: Belgien, Frankreich, das Vereinigte Königreich und die Vereinigten Staaten. Mithilfe fortschrittlicher bildgebender Verfahren des Gehirns, einschließlich funktioneller Magnetresonanztomographie (fMRI) und Elektroenzephalographie (EEG), maßen die Forscher die Gehirnaktivität als Reaktion auf mentale Aufgaben, wie z. B. die Vorstellung, Tennis zu spielen. Obwohl sie nicht in der Lage waren, körperlich zu reagieren, zeigte etwa ein Viertel der 241 vegetativen Patienten während dieser Übungen eine konstante Gehirnaktivität, was darauf hindeutet, dass sie Befehle hören und verstehen konnten[23] . Die Studie macht deutlich, wie wichtig es ist, Behandlungsstrategien und ethische Entscheidungen in Bezug auf lebenserhaltende Maßnahmen für Patienten mit Hirnverletzungen neu zu bewerten. Die Wissenschaftler schlagen vor, dass Gehirn-Computer-Schnittstellen (BCI) diese Patienten in die Lage versetzen könnten, besser mit ihrer Umgebung zu kommunizieren.

- Es war nicht das erste Mal, dass Wissenschaftler entdeckten, dass Patienten, von denen man annahm, dass sie bewusstlos waren, auf Befehle und Reize reagieren konnten. Im Jahr 2010 konzentrierte sich eine Studie unter der Leitung von Dr. Adrian Owen von der Universität Cambridge und der Universität Lüttich in Belgien auf einen 29-jährigen Mann, der nach einem Schädel-Hirn-Trauma infolge eines Autounfalls sieben Jahre lang in einem vegetativen Zustand gelegen hatte. Obwohl er äußerlich keine Anzeichen eines Bewusstseins zeigte, waren die Ärzte überrascht, als sie feststellten, dass er durch die von einem fMRI-Scanner (funktionelle Magnetresonanztomographie) überwachte Gehirnaktivität kommunizieren konnte. Mithilfe einer innovativen Technik wiesen die Ärzte den Patienten an, an ein Tennisspiel zu denken, um "ja" zu signalisieren, und sich vorzustellen, wie er durch sein Haus geht, um "nein" zu signalisieren. Der Patient war in der Lage, eine Reihe von Fragen über seine Familie genau zu beantworten, indem er entsprechende Gehirnaktivitäten erzeugte[24] . Diese bahnbrechende Entdeckung zeigte, dass sich der Patient nicht in einem vegetativen Zustand befand, sondern einen voll funktionsfähigen Geist hatte, der in einem nicht ansprechbaren Körper gefangen war.

- In einer weiteren Studie von Dr. Owens Team aus dem Jahr 2006 ging es um eine 23-jährige Frau, die nach einem Autounfall fünf Monate lang im Wachkoma gelegen hatte. Mit Hilfe der funktionellen Magnetresonanztomographie (fMRI) fanden die Forscher heraus, dass die Frau auf Befehle reagieren konnte, indem sie bestimmte Gehirnregionen aktivierte, wenn sie sich vorstellen sollte, Tennis zu spielen oder durch ihr Haus zu gehen. Ihre Hirnaktivität ähnelte der von gesunden Freiwilligen, die dieselben Aufgaben ausführten, was darauf hindeutet, dass sie gesprochene Anweisungen verstehen und befolgen konnte, obwohl sie nicht in der Lage war, sich durch Sprache oder Bewegung zu verständigen[25] . Die Forscher kamen zu dem Schluss, dass die Frau sich selbst und ihre Umgebung bewusst wahrnahm, obwohl sie sich in einem vegetativen Zustand zu befinden schien.

- Diese Studien veranlassten die Wissenschaftler, die Definition des Bewusstseins und dessen Bewertung zu überdenken, insbesondere bei Patienten mit schweren Hirnverletzungen. Sie stellten das traditionelle Verständnis von vegetativen Zuständen in Frage und legten nahe, dass eine beträchtliche Anzahl von Patienten zwar ein Bewusstsein haben könnte, aber nicht in der Lage ist, es auszudrücken. Insbesondere entdeckte das Team von Dr. Owen, dass vier von 23 getesteten Patienten eine nachweisbare Hirnaktivität aufwiesen, was bedeutet, dass einer von fünf als vegetativ diagnostizierten Patienten möglicherweise bei Bewusstsein sein könnte. Diese Ergebnisse haben weitreichende Auswirkungen auf den medizinischen Bereich, da sie den Bedarf an verbesserten Diagnoseinstrumenten unterstreichen und die Hoffnung wecken, dass diese Patienten eines Tages in der Lage sein könnten, ihre Gedanken und Gefühle direkter zu kommunizieren.

Alice im Wunderland-Syndrom: Mein Kopf ist so groß

- Das Alice im Wunderland-Syndrom (AIWS) ist eine neurologische Erkrankung, die durch starke Verzerrungen in der Wahrnehmung von Körpergröße, -form und -raum gekennzeichnet ist. Diese Verzerrungen werden häufig mit Migräne, Epilepsie oder anderen Hirnstörungen in Verbindung gebracht. Das Syndrom wurde 1955 von dem Psychiater John Todd benannt. Der Name leitet sich von Lewis Carrolls *Alice im Wunderland* ab, da die Symptome des Syndroms Ähnlichkeiten mit den in dem Buch beschriebenen surrealen Größenverzerrungen aufweisen. Frühe medizinische Berichte über ähnliche Halluzinationen gehen auf das Jahr 1904 zurück, wobei die Patienten Objekte oder Körperteile als deutlich größer oder kleiner wahrnahmen, als sie tatsächlich waren. Diese Halluzinationen waren oft nur kurz und harmlos, konnten aber anhalten und zu Desorientierung führen.

- In einem Fall erlebte eine 23-jährige Sekretärin während schwerer Migräneanfälle ein beunruhigendes Gefühl, bei dem ihr Kopf zu enormer Größe zu wachsen schien und nach oben zur Decke schwebte, obwohl sie sich sicher war, dass er noch an ihrem Hals befestigt war. Nach diesen Episoden fühlte sie sich ungewöhnlich groß und glaubte, die Leute zu überragen, wenn sie die Straße entlangging, um dann von ihrem Spiegelbild schockiert zu sein, das ihre normale Größe von weniger als fünf Fuß zeigte. Dieser Fall verdeutlicht die auffällige Diskrepanz zwischen ihrem wahrgenommenen Körperbild und der Realität, die intensive Gefühle der Desorientierung und Angst auslöste.

- In einem anderen Fall berichtete eine 38-jährige Hausfrau, dass während ihrer Migräneanfälle Teile ihres Körpers zu wachsen oder sich zu verformen schienen - zum Beispiel verlängerte sich ihr Hals, oder ihre Hüfte oder Flanke schien sich auszudehnen. Gelegentlich hatte sie das Gefühl, als sei sie auf etwa einen Meter geschrumpft. Obwohl sie sich durch einen Blick in den Spiegel einreden konnte, dass ihre Wahrnehmungen falsch waren, war die Eindringlichkeit der Verzerrungen beunruhigend und unterstrich die tiefe Kluft zwischen visueller Wahrnehmung und körperlicher Realität bei AIWS.

- AIWS ist eine seltene Erkrankung, von der seit ihrer Benennung im Jahr 1955 weniger als 200 Fälle in der medizinischen Literatur beschrieben wurden. Obwohl AIWS häufiger bei Kindern auftritt, mit einem Durchschnittsalter von etwa neun Jahren, und typischerweise mit Migräne einhergeht, können auch Erwachsene betroffen sein. Etwa 15 % der erwachsenen Migränepatienten leiden unter AIWS-Symptomen. Als weitere Auslöser werden Infektionen wie das Epstein-Barr-Virus (das zu einer Enzephalitis führen kann), Hirntumore, Hirnblutungen, Schlaganfälle, Scharlach, Schizophrenie und sensorische Deprivation genannt. In seltenen Fällen wurde AIWS mit Hypnotherapie und veränderten Bewusstseinszuständen, wie hypnagogischen oder hypnopompischen Zuständen, in Verbindung gebracht.

- AIWS blieb weitgehend im Dunkeln, bis die jüngsten Fortschritte in der Neurobildgebung den Wissenschaftlern halfen, die Beziehung zwischen Gehirnaktivität und Wahrnehmung zu untersuchen. Die Forschung hat gezeigt, dass es sich bei AIWS um eine Wahrnehmungsstörung handelt, die mit einer abnormalen Hirnaktivität verbunden ist, insbesondere in Regionen, die für die Verarbeitung sensorischer Informationen zuständig sind, wie der Scheitellappen, der Okzipitallappen und der Schläfenlappen. Störungen in diesen Bereichen können zu einer verzerrten Seh- und Körperwahrnehmung führen, die sich darauf auswirkt, wie die Patienten ihren eigenen Körper und die Welt um sie herum wahrnehmen. So können beispielsweise Migräne und Epilepsie den Blutfluss oder die elektrische Aktivität im Gehirn verändern, was zu einer Fehlinterpretation der Sinneseindrücke und damit zu den bizarren Größen- und Raumverzerrungen führt, die für die AIWS[26] charakteristisch sind.

Anosognosie: Was soll das heißen? Mir geht's gut!

- Frau Dodds, eine Schlaganfallpatientin, war aufgrund einer Schädigung der rechten Gehirnhälfte auf der linken Körperseite gelähmt. Trotzdem zeigte sie Anosognosie, einen Zustand, der dadurch gekennzeichnet ist, dass sie sich ihrer Lähmung nicht bewusst ist oder sie leugnet. Obwohl sie geistig klar war und sich ihres Schlaganfalls bewusst war, bestand Frau Dodds darauf, dass sie gehen und beide Hände benutzen konnte, obwohl ihre linke Seite unbeweglich blieb. Als sie aufgefordert wurde, Aufgaben wie das Berühren der Nase des Arztes oder das Klatschen auszuführen, behauptete sie, dies getan zu haben, obwohl ihr linker Arm unbeweglich blieb. In extremen Fällen können Patienten wie Frau Dodds konfabulieren, d. h. sie stellen sich vor, dass sie eine gelähmte Gliedmaße bewegen, und glauben wirklich, dass sie eine Aufgabe erfüllen. Als der Arzt Frau Dodds eine kleine Belohnung für eine einhändige Aufgabe (Einfädeln einer Glühbirne) oder eine größere Belohnung für eine beidhändige Aufgabe (Binden von Schnürsenkeln) anbot, entschied sich Frau Dodds stets für die beidhändige Aufgabe. Sie kämpfte dann mit den Schnürsenkeln, indem sie nur ihre rechte Hand benutzte, ohne sich ihrer Einschränkungen bewusst zu sein. Als sie später gefragt wurde, behauptete sie selbstbewusst, die Schnürsenkel erfolgreich mit "beiden Händen" gebunden zu haben![8]

- Neurologen gingen zunächst davon aus, dass der Fall von Frau Dodds mit Hemineglect zusammenhängt, einem Zustand, bei dem die Patienten die linke Seite ihres Körpers und ihrer Umgebung aufgrund einer Schädigung der rechten Gehirnhälfte ignorieren (wie bereits erwähnt). Als die Ärzte jedoch den rechten, gesunden Arm einer Verweigerungspatientin namens Betty vorübergehend "lähmten", zeigten sich überraschende Ergebnisse. Betty wurde gebeten, ihre rechte Hand in einem Spiegelkasten zu bewegen, während der Spiegel das Spiegelbild der unbewegten Hand eines verborgenen Assistenten zeigte. Obwohl sie die unbewegte Hand auf ihrer rechten Seite sah, beharrte Betty darauf, dass sie eine bewegte Hand sah. Dies deutet darauf hin, dass sich Verweigerungspatienten von Patienten mit Hemineglect unterscheiden, bei denen nur die linke, nicht aber die rechte Seite betroffen ist. Interessanterweise können Patienten mit Anosognosie selektiv Lähmungen leugnen, aber andere Erkrankungen, wie z. B. Diabetes, anerkennen, was darauf hindeutet, dass Anosognosie nicht eine globale Verleugnung aller Erkrankungen ist, sondern eher spezifisch für die Körperwahrnehmung.

- Allerdings können Ärzte manchmal Strategien anwenden, um Anosognosie-Patienten zu helfen, ihre Lähmung anzuerkennen. Im Fall einer Patientin namens Nancy beispielsweise gingen die Ärzte auf ihre Leugnung der Lähmung durch ein interessantes psychologisches Experiment ein. Wie andere Menschen mit Anosognosie war sich auch Nancy der Lähmung ihres linken Arms nicht bewusst. Um herauszufinden, ob ihr Leugnen durch eine Änderung ihres Glaubenssystems überwunden werden könnte, führte der Arzt eine informelle neurologische Untersuchung durch und gab vor, ihr ein "lähmendes" Anästhetikum in den linken Arm zu injizieren (bei dem es sich in Wirklichkeit nur um eine Kochsalzlösung handelte). Nach der Injektion wurde Nancy gefragt, ob sie ihren linken Arm bewegen könne, und zur Überraschung des Arztes gab sie zu, dass er sich nicht bewegte, womit sie zum ersten Mal ihre Lähmung zugab. Um auszuschließen, dass dies nur auf den überzeugenden Einfluss des Arztes oder eine hypnotische Suggestion zurückzuführen war, wurde die Prozedur an ihrem rechten (gesunden) Arm wiederholt. Auf die Frage, ob sie ihren rechten Arm nach der "Injektion" bewegen könne, bestätigte Nancy, dass er normal funktioniere und die Placebo-Injektion keine Wirkung gezeigt habe! Interessant ist, dass Patienten wie Nancy, wenn sie später gefragt werden, ob sie ihre Lähmung jemals geleugnet haben, darauf bestehen, dass sie dies nie getan haben, so als ob sie die Erinnerung an ihre frühere Leugnung verdrängt hätten. Dies deutet darauf hin, dass die mit der Anosognosie verbundene Verleugnung möglicherweise tief im Glaubenssystem des Patienten verwurzelt ist, aber durch äußere Faktoren, wie diese Scheininjektion, vorübergehend beeinflusst werden kann.

- Dank der Fortschritte in der Neurobildgebung wissen Wissenschaftler und Ärzte heute, welche Gehirnregionen bei Patienten mit Anosognosie betroffen sind. Anosognosie bei Hemiparese, also die Unkenntnis von Lähmungen, tritt typischerweise nach großen Läsionen in der rechten Gehirnhälfte auf, kann aber auch durch kleinere Verletzungen im rechten Scheitelbereich entstehen. Obwohl sie häufig zusammen mit anderen Neglect-Syndromen auftritt, ist sie ein eigenständiger Zustand. Die Anosognosie entsteht durch eine Schädigung der Fähigkeit des Gehirns, Diskrepanzen im sensorischen Input in Bezug auf das Körperbild auszugleichen, unabhängig davon, ob sich das betroffene Körperteil auf der linken oder rechten Seite befindet. Die Forschung legt nahe, dass die linke Hemisphäre dazu neigt, diese Diskrepanzen zu übersehen, während die rechte Hemisphäre stärker auf Unstimmigkeiten und Störungen reagiert. Wenn also der rechte Parietalbereich geschädigt ist, übernimmt die linke Hemisphäre die Kontrolle und lässt den Patienten glauben, dass sein Körperbild unverändert und gesund ist.

Capgras' Wahn: Meine Eltern sind Hochstapler

- Arthur besuchte eine Schule in Santa Barbara, als er einen lebensverändernden Unfall hatte. Sein Auto prallte mit solcher Wucht gegen die Windschutzscheibe, dass er drei Wochen lang im Koma lag. Nachdem er das Bewusstsein wiedererlangt hatte, unterzog er sich einer umfassenden Rehabilitation und erlangte schließlich seine Sprache, seine Beweglichkeit und sein Gedächtnis für vergangene Ereignisse zurück. Obwohl er größtenteils wieder normal zu sein schien, wies er eine besondere Wahnvorstellung auf: Er glaubte, seine Eltern seien Betrüger, und nichts konnte ihn vom Gegenteil überzeugen. Er akzeptierte seine Eltern bereitwillig am Telefon (per Stimme), aber immer wenn er sie persönlich sah, bestand er darauf, dass sie Hochstapler waren, die sich als seine Eltern ausgaben. Arthur hatte jedoch kein Problem damit, die Gesichter seiner Eltern oder anderer Personen in seinem Leben wiederzuerkennen, auch nicht die von Freunden, ehemaligen Freundinnen und Mitbewohnern am College[8] . Dies deutet darauf hin, dass Arthur nicht "verrückt" war und dass seine Wahnvorstellungen eher spezifisch waren als ein Zeichen für eine allgemeine geistige Instabilität.

- Bei Arthur wurde der Capgras-Wahn diagnostiziert, ein seltenes neurologisches Syndrom, bei dem Patienten enge Verwandte wie Eltern, Ehepartner, Kinder oder Geschwister für Betrüger halten, obwohl sie ansonsten geistig klar sind. Diese ungewöhnliche Wahnvorstellung kann bei psychotischen Erkrankungen wie Schizophrenie auftreten, aber auch in mehr als einem Drittel der Fälle mit traumatischen Hirnverletzungen, wie bei Arthur. Das Syndrom wurde nach dem französischen Psychiater Joseph Capgras benannt, der es zusammen mit Jean Reboul-Lachaux 1923 erstmals dokumentierte. Ihre Studie beschrieb eine als "Madame Macabre" bekannte Frau, die davon überzeugt war, dass ihr Mann und andere vertraute Personen durch Doppelgänger ersetzt worden waren.

- Untersuchungen von Capgras-Patienten haben ergeben, dass Funktionsstörungen im Schläfenlappen, der Gehirnregion, die für das Erkennen von Gesichtern und Gegenständen zuständig ist, zur Entstehung des Wahns beitragen können. Wenn bestimmte Bereiche innerhalb der "Was-Leitung" des Schläfenlappens geschädigt sind, können die Betroffenen die Fähigkeit verlieren, vertraute Gesichter zu erkennen, ein Phänomen, das in Oliver Sacks' Buch *Der Mann, der seine Frau mit einem Hut verwechselte* beschrieben wird. Normalerweise kommunizieren diese Erkennungsbereiche mit dem limbischen System, das emotionale Reaktionen auf bekannte Gesichter hervorruft. In Arthurs Fall blieb seine Gesichtserkennungsbahn intakt, so dass er seine Eltern visuell identifizieren konnte. Die kritische Verbindung zwischen diesem Erkennungsgebiet und seiner Amygdala, der für emotionale Reaktionen zuständigen Gehirnstruktur, war jedoch geschädigt. Infolgedessen konnte Arthur seine Eltern zwar erkennen, empfand aber keine emotionale Verbindung zu ihren Gesichtern, was ihn zu der beunruhigenden Schlussfolgerung brachte, dass sie Betrüger waren.

- Im Jahr 2010 schlugen Wissenschaftler eine überarbeitete Theorie zum Capgras-Syndrom vor, um eine gezieltere Erklärung zu finden. Diese Theorie besagt, dass unser Gehirn "hybride Repräsentationen" von Menschen, die wir gut kennen, erstellt, die zwei unterschiedliche Komponenten enthalten: eine für äußere Merkmale (Aussehen, Stimme) und eine für innere Merkmale (Persönlichkeit, Gefühle, Vorlieben). Nach dieser Theorie entsteht das Capgras-Syndrom, wenn die innere Komponente beschädigt oder unzugänglich ist, so dass die Person körperlich korrekt erscheint, sich aber emotional "daneben" fühlt, wie ein Betrüger. Diese Erklärung stimmt besser mit den tatsächlichen Erfahrungen der Patienten überein und behebt die Nachteile der früheren Theorie, da sie erklärt, warum ein Mangel an emotionaler Anerkennung allein, wie er bei Patienten mit Amygdala-Schäden beobachtet wurde (siehe Fearless Warrior), nicht immer zu Capgras-Wahnvorstellungen führt.

Der Fluch der Schmerzlosigkeit (eine Anomalie des peripheren Nervensystems, aber erwähnenswert!)

- Obwohl wir Schmerzen in der Regel hassen und unser Bestes tun, um sie zu vermeiden, gibt es Menschen, die sie überhaupt nicht erleben. Edward Gibson, ein Varietékünstler in den 1930er Jahren, war so ein Mensch. Obwohl er schwere Verletzungen wie einen Schlag mit einer Spitzhacke ins Gesicht, eine Schusswunde im Finger, eine gebrochene Nase, tiefe Schnittwunden am Knie und Verbrennungen erlitt, fühlte er nie Schmerzen. Er konnte es sogar aushalten, dass ihm 50-60 Nadeln in den Körper gestoßen wurden, und einmal wurde ihm ein Nagel durch die Hand geschlagen, ohne dass er Beschwerden hatte. Stefan Betz, ein Universitätsstudent in Deutschland, hat eine ähnliche Krankheit, die ihn daran hindert, Schmerzen zu empfinden. Er kann seine Hände in kochendes Wasser tauchen oder sich ohne Anästhesie operieren lassen. Als er fünf Jahre alt war, biss er sich die Zungenspitze ab und brach sich später den Fuß, aber er hatte keine Beschwerden. Betz konnte sich nicht erinnern, wie oft er im Krankenhaus war. Er hatte eine Infektion in seinem linken Bein nach einem Schienbeinbruch, den er sich beim Skateboardfahren zugezogen hatte. Seitdem hat er gelernt, Schmerzen vorzutäuschen, um sich von gefährlichen Aktivitäten abzuhalten und weiteren Schaden anzurichten .[27]

- Edward Gibson und Stefan Betz gehören zu den wenigen hundert Menschen auf der Welt, die an einer angeborenen Schmerzunempfindlichkeit (CIP) leiden. Es handelt sich um eine seltene genetische Störung, die erstmals 1932 dokumentiert wurde. Menschen mit CIP verfügen über normale sensorische Reaktionen, wie

z. B. Temperaturwahrnehmung, zeigen jedoch häufig selbstzerstörerische Verhaltensweisen, die zu einem vorzeitigen Tod führen können. So wurde beispielsweise ein pakistanischer Junge berühmt dafür, dass er auf heißen Kohlen lief und sich ohne Schmerzen stach, aber tragischerweise starb er, nachdem er von einem Dach gesprungen war. Viele CIP-Patienten sind erheblichen Risiken ausgesetzt, darunter Gelenkschäden, Infektionen und Unfalltod.

- Wissenschaftler haben entdeckt, dass CIP-Patienten Mutationen im SCN9A-Gen tragen. Diese Mutationen unterbrechen den Nav1.7-Natriumkanal, der für die Schmerzwahrnehmung verantwortlich ist. Diese Entdeckung hat großes Interesse an der Entwicklung von Arzneimitteln geweckt, die auf diesen Natriumkanal abzielen und Patienten mit Erkrankungen wie neuropathischen Schmerzen und Osteoarthritis Linderung verschaffen könnten. Darüber hinaus haben Forscher das PRDM12-Gen, das die Aktivität von Schmerzneuronen reguliert, als weiteres vielversprechendes Ziel für Schmerztherapien identifiziert. Auch wenn CIP-Patienten vielleicht nicht direkt von diesen Fortschritten profitieren, liefert ihre Teilnahme an der Forschung doch wichtige Erkenntnisse über Schmerzmechanismen und die Entwicklung von Medikamenten zur Schmerzbehandlung.

6.5 Brain Enhancement mit künstlicher Intelligenz (KI): Freund oder Feind?

Werden Sie ein Übermensch: Mit KI zum Erfolg

- Können wir eine sprachlose Kommunikation erreichen? Die KI macht es möglich. Im Jahr 2018 entwickelten MIT-Forscher eine Computerschnittstelle mit dem Namen AlterEgo-Projekt, die Wörter transkribieren kann, die der Nutzer in seinem Kopf "lautlos" spricht. Das System nutzt ein tragbares Gerät mit Elektroden, die auf Gesicht und Kiefer angebracht werden, um subtile neuromuskuläre Signale zu erkennen, die durch innere Äußerungen entstehen. Diese Signale werden dann von einem Algorithmus mit maschinellem Lernen verarbeitet, der sie bestimmten Wörtern zuordnet[28] . Diese Technologie ermöglicht es den Benutzern, mit Computeraufgaben zu interagieren, ohne zu sprechen oder eine sichtbare Schnittstelle zu verwenden. Darüber hinaus ist das Gerät mit Knochenleitungskopfhörern ausgestattet, die den Ton über die Gesichtsknochen übertragen, so dass die Benutzer Informationen diskret empfangen können, ohne ihr

Gehör zu beeinträchtigen. Eine wichtige Anwendung, die mit dem AlterEgo-Projekt demonstriert wurde, war das Spielen einer stummen Schachpartie, bei der die Benutzer ihre Züge mitteilen und Computerempfehlungen erhalten konnten, ohne sie zu äußern. Das ultimative Ziel ist es, eine nahtlose Plattform zur Intelligenzsteigerung zu schaffen, die menschliche Kognition mit Rechenleistung verbindet. Die derzeitigen Prototypen benötigen nur vier Elektroden, und Studien haben eine Transkriptionsgenauigkeit von 92 % ergeben. Diese Technologie birgt ein immenses Potenzial für Anwendungen in lauten Umgebungen, für Szenarien, die eine stille Kommunikation erfordern (z. B. bei Spezialeinsätzen), und für die Unterstützung von Personen mit Sprachbehinderungen, z. B. von Personen, die ihre Stimmfähigkeit verloren haben.

- Die Macht der künstlichen Intelligenz ist noch nicht zu Ende. Im Jahr 2024 entwickelt die MIT-Forschungsgruppe "Fluid Interfaces" unter der Leitung der flämischen Wissenschaftlerin Pattie Maes eine Gehirn-Computer-Schnittstelle (BCI), die es den Nutzern ermöglicht, Objekte mit ihren Gedanken zu steuern. Das Gerät, das einer Brille ähnelt, nutzt Sensoren, um die Gehirnströme über das Elektroenzephalogramm (EEG) zu messen und Augenbewegungen zu verfolgen. Diese Technologie kann den Fokus und die Aufmerksamkeit des Benutzers bestimmen, was bei der Behandlung von Krankheiten wie der Aufmerksamkeitsdefizit-/Hyperaktivitätsstörung (ADHS) hilfreich sein könnte, da sie ein Feedback über die Aufmerksamkeit liefert. Noch vielversprechender ist die Technologie für Menschen mit schweren Behinderungen, wie z. B. fortgeschrittener amyotropher Lateralsklerose (ALS), da sie ihnen ermöglicht, über ihre Gehirnsignale zu kommunizieren. Die Patienten könnten sich beispielsweise Buchstaben ansehen, um Wörter zu buchstabieren, die dann von einer App[29] gesprochen werden. Maes, eine Pionierin der Human Augmentation, gibt der Verbesserung der menschlichen Intelligenz den Vorrang vor der Entwicklung von Maschinen, die sie übertreffen. Sie plädiert für den Einsatz von Technologie zur Erweiterung menschlicher Fähigkeiten, um Menschen in die Lage zu versetzen, das zu erreichen, was sie derzeit nicht erreichen können. Diese Vision steht im Gegensatz zum Ansatz von Unternehmen wie OpenAI und Google, die sich auf die Entwicklung intelligenter Maschinen konzentrieren. Maes ist der Ansicht, dass die Erweiterung des Menschen ein überzeugenderer Weg ist, der darauf abzielt, den Menschen in einen "Übermenschen" zu verwandeln, anstatt die Rolle des Menschen durch KI zu ersetzen.

- Inzwischen hat die KI auch ein enormes Potenzial, unser Gesundheitswesen voranzubringen. Neuralink, ein führender Entwickler von Brain-Computer-Interface (BCI)-Technologie, hat kürzlich seine Fortschritte mit einem Video vorgestellt, das den ersten menschlichen Empfänger seines BCI-Geräts zeigt. Der Empfänger, ein 29-Jähriger, der von den Schultern abwärts gelähmt ist, demonstrierte die Fähigkeit, Computerschach zu spielen, indem er einen Cursor mit seinen Gedanken steuerte - eine Leistung, die mit Experimenten aus dem Jahr 2006 vergleichbar ist, aber mit einer wesentlich ausgefeilteren Technologie erreicht wurde. Das Implantat ist drahtlos und unauffällig und besteht aus einem münzgroßen Knotenpunkt im Schädel und 64 flexiblen Fäden, die in den motorischen Kortex eingeführt werden, um die neuronale Aktivität aufzuzeichnen. Obwohl anfängliche Probleme mit der Elektrodenstabilität Anpassungen erforderten, spiegelt das aktualisierte Design den Fortschritt in Richtung einer nahtlosen Gehirn-Computer-Integration wider[30] . Neuralink, dessen Gründer Elon Musk die Verbesserung und Wiederherstellung von Hirnfunktionen anstrebt, hat Ziele für künftige BCIs zur Behandlung von Krankheiten wie Psychosen, Krampfanfällen und Gedächtnisverlust formuliert, wobei auch Anwendungen mit KI-Integration denkbar sind. Trotz dieser Fortschritte mahnen Experten zur Vorsicht und betonen, dass vor einer breiteren Anwendung beim Menschen ethische Überlegungen angestellt werden müssen.

- Neuralink mag zwar die Schlagzeilen im Bereich der Gehirn-Computer-Schnittstellen dominieren, doch auch mehrere andere Unternehmen machen mit unterschiedlichen Ansätzen große Fortschritte. Das in New York ansässige Unternehmen Synchron zum Beispiel hat sein Gerät bereits zehn Personen implantiert und ein Patientenregister für eine größere klinische Studie eingerichtet. Das Unternehmen wird von namhaften Investoren wie Bill Gates und Jeff Bezos unterstützt. Obwohl die meisten Unternehmen in diesem Bereich darauf abzielen, Menschen, die sich nicht bewegen oder sprechen können, zu unterstützen, indem sie die Gehirnaktivität erfassen, um die Absichten der Benutzer zu interpretieren, sind ihre Methoden unterschiedlich invasiv. Neuralink und Paradromics beispielsweise entscheiden sich für die tiefe Einführung von Elektroden in den Kortex. Dies ermöglicht eine hochauflösende Datenerfassung, die Aufgaben wie die Sprachdekodierung ermöglicht. Im Gegensatz dazu umgeht die "Stentrode" von Synchron eine offene Hirnoperation, indem sie Elektroden in Blutgefäße oberhalb des motorischen Kortex platziert. Das Utah-Array von Blackrock Neurotech, das seit 2004 in der akademischen Forschung eingesetzt wird, hat von der FDA die

Auszeichnung "Breakthrough Designation" erhalten. Es bietet jedoch eine geringere Datenbandbreite als das Gerät von Neuralink. Ein weiterer aufstrebender Anbieter, Precision Neuroscience, verwendet eine minimalinvasive Methode mit einem dünnen Elektrodenarray, das über den Kortex gleitet. Motif Neurotech hingegen arbeitet an einem innovativen nicht-invasiven Gerät, das sich auf die Behandlung von Stimmungsstörungen und nicht auf die Entschlüsselung komplexer Daten konzentriert. Angesichts dieser rasanten Fortschritte ist die Steuerung der Technologie durch Gedanken keine Science-Fiction mehr, auch wenn die von Unternehmen wie Neuralink verfolgten Ziele noch in weiter Ferne liegen.

KI-Bedenken: Das Risiko der Beherrschung und Verdrängung

- Im März 2016 gelang dem von Googles DeepMind entwickelten KI-Algorithmus AlphaGo ein bahnbrechender Sieg: Er besiegte den weltbesten Go-Spieler Lee Sedol mit 4:1. Die Beherrschung des uralten Spiels Go gilt seit langem als eine der schwierigsten Herausforderungen für künstliche Intelligenz. Im Gegensatz zu früheren KI-Erfolgen in Spielen wie Schach, die auf vorprogrammierten Strategien beruhten, lernte AlphaGo das Go-Spiel mithilfe eines universellen Deep-Learning-Algorithmus. Dieser Ansatz ermöglichte es AlphaGo, die komplexen Muster und Strategien in Go zu interpretieren, das mehr mögliche Brettkonfigurationen umfasst als es Atome im Universum gibt. Die bemerkenswerte Leistung von AlphaGo wird dadurch unterstrichen, dass es den Go-Europameister Fan Hui fünfmal in Folge besiegen konnte und andere Computerprogramme mit 99,8 % gewonnenen Partien dominiert. Was dies noch außergewöhnlicher macht, ist die Tatsache, dass AlphaGo auf eine Art und Weise spielt, die menschlicher Intuition und Strategie ähnelt, anstatt sich rein auf brachiale Rechenkraft zu verlassen[31] . Ein solches menschenähnliches Verhalten unterstreicht die Leistungsfähigkeit von Deep Learning und seine potenziellen Anwendungen bei komplexen Problemlösungen jenseits von Spielen, wie z. B. bei medizinischen Diagnosen und Klimamodellierung.

- Trotz ihrer Bequemlichkeit wirft die künstliche Intelligenz zunehmend Probleme auf. Ein solches Problem ist der Deepfake-KI-Betrug, der es auf seriöse Personen wie Wissenschaftler abgesehen hat und erhebliche Risiken für den Ruf und den Beruf mit sich bringt. So entdeckte beispielsweise die südafrikanische Urologin Kgomotso Mathabe ein Deepfake-Video von sich selbst, in dem sie für ein gefälschtes Medikament wirbt, was zu finanziellem Betrug und Rufschädigung führte. Auch der indische Diabetologe Viswanathan Mohan wurde mit Deepfake-Angriffen konfrontiert, wobei Videos auftauchten, in denen er fälschlicherweise pflanzliche Produkte anpries[32] . Diese von der künstlichen Intelligenz erzeugten Videos verursachten eine Menge sozialer und ethischer Probleme.

- Der rasante Aufstieg der KI verändert auch den Arbeitsmarkt und schafft sowohl Chancen als auch Störungen. Eine Umfrage von ResumeBuilder aus dem Jahr 2023 ergab, dass 37 % der Unternehmen, die KI einsetzen, bereits Arbeitskräfte ersetzt haben, und 44 % rechnen mit KI-bedingten Entlassungen im Jahr 2024. Dieser Trend wirkt sich auf eine Vielzahl von Branchen aus, darunter das Gesundheitswesen, die Landwirtschaft und die Fertigung. Viele Experten sind sich einig, dass KI in den nächsten fünf bis zehn Jahren bestimmte Arbeitsplätze vollständig automatisieren wird. Zu den besonders gefährdeten Berufen gehören Kundendienstmitarbeiter, Fahrer, Computerprogrammierer, Forschungsanalysten, Anwaltsgehilfen, Fabrikarbeiter, Finanzhändler, Reiseberater, Inhaltsverfasser (in einigen Fällen) und Grafikdesigner. Bestimmte Berufe werden jedoch weniger wahrscheinlich durch KI ersetzt werden, da sie von Natur aus kreativ, einfühlsam oder komplex sind. Dazu gehören Berufe wie Lehrer, Krankenschwestern, Sozialarbeiter, Therapeuten, Schreibkräfte, Anwälte, HR-Spezialisten, Schriftsteller und Künstler . [33]

- Trotz der Bedenken hinsichtlich der Automatisierung bietet die KI erhebliche Vorteile am Arbeitsplatz. Dazu gehören die Konzentration auf interessantere Aufgaben, verbesserte Effizienz und potenziell kürzere Arbeitstage, fundiertere Entscheidungsfindung, verbesserte Innovations- und Problemlösungsfähigkeiten sowie die Fähigkeit, Kundeninteraktionen persönlicher zu gestalten. Darüber hinaus schafft die KI neue Arbeitsplätze, insbesondere im Bereich des maschinellen Lernens und der KI-Ethik, da die menschliche Aufsicht für das Training, die Überwachung und die Verbesserung von KI-Systemen unerlässlich ist. Die Auswirkungen der KI können mit der industriellen Revolution verglichen werden, bei der sich die Arbeitsaufgaben verschoben und weiterentwickelt haben, anstatt einfach zu verschwinden, was zu neuen Arten von Arbeitsmöglichkeiten geführt hat. Die MIT-Initiative "Shaping the Future of Work", die am 22. Januar 2024 ins Leben gerufen wurde und von den Professoren Daron Acemoglu, David Autor und Simon Johnson geleitet wird, schlägt vor, KI-Tools zu entwickeln, die menschliche Arbeitskräfte ergänzen, anstatt sie zu ersetzen. Dieser Ansatz zielt darauf ab, weniger qualifizierte Arbeitskräfte in die Lage zu versetzen, spezialisiertere Aufgaben zu übernehmen und ein breiteres Spektrum an Beschäftigungsmöglichkeiten für Menschen mit unterschiedlichen Qualifikationen zu schaffen.

Anmerkungen

1. Walløe, S., Pakkenberg, B., & Fabricius, K. (2014). Stereological estimation of total cell numbers in the human cerebral and cerebellar cortex. *Frontiers in Human Neuroscience, 8*. https://doi.org/10.3389/fnhum.2014.00508

2. Solan, M. (2021, August 1). *The book of neurogenesis*. Harvard Health. https://www.health.harvard.edu/mind-and-mood/the-book-of-neurogenesis

3. Spector, R. (2022, September 21). *How men's and women's brains are different | Stanford Medicine*. Stanford Medicine Magazine. https://stanmed.stanford.edu/how-mens-and-womens-brains-are-different/

4. Banissy, M. J., & Ward, J. (2007). Mirror-touch synesthesia is linked with empathy. *Nature Neuroscience, 10*(7), 815–816. https://doi.org/10.1038/nn1926

5. Bates, B. C. (2018, April 3). *The doctor who really feels his patients' pain*. https://www.bbc.com/news/stories-43572639

6. Feinstein, J. S., Adolphs, R., Damasio, A., & Tranel, D. (2010). The human amygdala and the induction and experience of fear. *Current Biology, 21*(1), 34–38. https://doi.org/10.1016/j.cub.2010.11.042

7. Feinstein, J. S., Buzza, C., Hurlemann, R., Follmer, R. L., Dahdaleh, N. S., Coryell, W. H., Welsh, M. J., Tranel, D., & Wemmie, J. A. (2013). Fear and panic in humans with bilateral amygdala damage. *Nature Neuroscience, 16*(3), 270–272. https://doi.org/10.1038/nn.3323

8. Ramachandran, V. S., & Blakeslee, S. (1999). *Phantoms in the brain*. Fourth Estate.

9. De Haan, E. H. F., Corballis, P. M., Hillyard, S. A., Marzi, C. A., Seth, A., Lamme, V. a. F., Volz, L., Fabri, M., Schechter, E., Bayne, T., Corballis, M., & Pinto, Y. (2020). Split-Brain: What We Know Now and Why This is Important for Understanding Consciousness. *Neuropsychology Review, 30*(2), 224–233. https://doi.org/10.1007/s11065-020-09439-3

10. Robson, D. (2022, February 24). *Blindsight: the strangest form of consciousness*. https://www.bbc.com/future/article/20150925-blindsight-the-strangest-form-of-consciousness

11. De Gelder, B., Tamietto, M., Van Boxtel, G., Goebel, R., Sahraie, A., Van Den Stock, J., Stienen, B. M., Weiskrantz, L., & Pegna, A. (2008). Intact navigation skills after bilateral loss of striate cortex. *Current Biology*, *18*(24), R1128–R1129. https://doi.org/10.1016/j.cub.2008.11.002

12. Kim, H., Han, J., Park, Y. H., Kim, B. J., Yang, W., & Kim, S. (2017). Supernumerary phantom limb in a patient with basal ganglia hemorrhage - a case report and review of the literature. *BMC Neurology*, *17*(1). https://doi.org/10.1186/s12883-017-0962-7

13. Zernitz, M., Rizzello, C., Rigoni, M., & Van De Winckel, A. (2024). Case Report: Phantom limb pain relief after cognitive multisensory rehabilitation. *Frontiers in Pain Research*, *5*. https://doi.org/10.3389/fpain.2024.1374141

14. ABC News. (2011, October 7). *Ex-Football player's life is deleted by retrograde amnesia*. https://abcnews.go.com/Health/football-player-scott-bolzans-life-deleted-irreversible-amnesia/story?id=14616045

15. *Researchers find "lost" memories*. (2015, May 28). MIT News | Massachusetts Institute of Technology. https://news.mit.edu/2015/optogenetics-find-lost-memories-0528

16. Day, E. (2017, February 22). He was bad, so they put an ice pick in his brain. . . *The Guardian*. https://www.theguardian.com/science/2008/jan/13/neuroscience.medicalscience

17. Edwards, S. (2011, December 19). Deciphering the teenage brain. *Harvard Medical School*. https://hms.harvard.edu/news/deciphering-teenage-brain

18. Hoffman, T. (2012, November 23). The man whose brain ignores one half of his world. *The Guardian*. https://www.theguardian.com/science/blog/2012/nov/23/man-brain-ignores-half-world

19. Ogden, J. (2012, September 11). The bizarre disorder of hemineglect | BrainLine. *BrainLine*. https://www.brainline.org/article/bizarre-disorder-hemineglect

20. Andrew, E. (2021, September 24). *Meet the healthy, functioning man who survived with almost no brain*. IFLScience. https://www.iflscience.com/man-tiny-brain-lived-normal-life-31083

21. Lewin, R. (1980). Is your brain really necessary? *Science*, *210*(4475), 1232–1234. https://doi.org/10.1126/science.7434023

22. Ksla. (2014, September 12). Keithville boy born without brain dies at 12. *https://www.ksla.com*. https://www.ksla.com/story/26405843/keithville-boy-born-without-brain-dies-at-12/?autostart=true

23. Bodien, Y. G., Allanson, J., Cardone, P., Bonhomme, A., Carmona, J., Chatelle, C., Chennu, S., Conte, M., Dehaene, S., Finoia, P., Heinonen, G., Hersh, J. E., Kamau, E., Lawrence, P. K., Lupson, V. C., Meydan, A., Rohaut, B., Sanders, W. R., Sitt, J. D., . . . Schiff, N. D. (2024). Cognitive motor dissociation in disorders of consciousness. *New England Journal of Medicine*, *391*(7), 598–608. https://doi.org/10.1056/nejmoa2400645

24. Boseley, S. (2017, November 26). Think tennis for yes, home for no: how doctors helped man in vegetative state. *The Guardian*. https://www.theguardian.com/science/2010/feb/03/vegetative-state-patient-communication

25. Owen, A. M., Coleman, M. R., Boly, M., Davis, M. H., Laureys, S., & Pickard, J. D. (2006). Detecting awareness in the vegetative state. *Science*, *313*(5792), 1402. https://doi.org/10.1126/science.1130197

26. The MIT Press Reader. (2022, October 3). *The curious case of Alice in Wonderland syndrome*. https://thereader.mitpress.mit.edu/the-curious-case-of-alice-in-wonderland-syndrome/

27. Cox, D. (2022, February 24). *The curse of the people who never feel pain*. https://www.bbc.com/future/article/20170426-the-people-who-never-feel-any-pain

28. *Computer system transcribes words users "speak silently."* (2018, April 4). MIT News | Massachusetts Institute of Technology. https://news.mit.edu/2018/computer-system-transcribes-words-users-speak-silently-0404)

29. Flanders News. (2024, April 5). Startling results: 'Brain-computer interface' allows user to move objects with mind (VIDEO). *vrtnws.be*. https://www.vrt.be/vrtnws/en/2024/04/05/augmented-reality-ai-mit/)

30. Naddaf, M., & Drew, L. (2024). Second brain implant by Elon Musk's Neuralink: will it fare better than the first? *Nature*, *632*(8025), 481–482. https://doi.org/10.1038/d41586-024-02368-8

31. Gibney, E. Google AI algorithm masters ancient game of Go. *Nature* 529, 445–446 (2016). https://doi.org/10.1038/529445a

32. Nordling, L. (2024). Scientists are falling victim to deepfake AI video scams — here's how to fight back. *Nature*. https://doi.org/10.1038/d41586-024-02521-3

33. Urwin, M. (2024, July 19). AI taking over jobs: What to know about the future of jobs. *Built In*. https://builtin.com/artificial-intelligence/ai-replacing-jobs-creating-job

Chapter 7

Der schwer fassbare und doch mächtige Geist

7.1 Die unglaubliche Verbindung zwischen Geist und Körper

Der Placebo-Effekt: Fühlen Sie es, wenn Sie es glauben

- Unser Gehirn kann dazu gebracht werden, eine gefälschte Behandlung für echt zu halten, was eine Heilreaktion auslöst, die als Placebo-Effekt bekannt ist. Wissenschaftliche Untersuchungen haben gezeigt, dass Placebos bei der Linderung von Schmerzen bei Migräne und Arthrose ebenso wirksam sein können wie herkömmliche Behandlungen. Placebos wirken wahrscheinlich, indem sie die Freisetzung von Neurotransmittern wie Endorphinen und Dopamin auslösen, die mit Freude und Wohlbefinden in Verbindung gebracht werden.

- Placebos wirken oft, weil die Menschen nicht wissen, dass sie sie einnehmen. Aber was, wenn man es doch weiß? In einer in der Zeitschrift *Science Translational Medicine* veröffentlichten Studie wurden drei verschiedene Behandlungen an Patienten getestet, die unter Migräneanfällen litten: Eine Gruppe erhielt ein Migränemedikament, das mit dem Namen des Medikaments gekennzeichnet war, eine andere ein Placebo, das als "Placebo" bezeichnet wurde, und eine dritte Gruppe erhielt weder Medikamente noch Placebos. Die Forscher fanden heraus, dass das Placebo bei der Linderung der Migräneschmerzen 50 % so wirksam war wie das echte Medikament, selbst wenn die Patienten wussten, dass sie ein Placebo[1] einnahmen.

- Im Gegensatz zum Placebo-Effekt steht der Nocebo-Effekt. Der Nocebo-Effekt beschreibt negative Folgen, die auftreten können, wenn wir glauben, dass etwas unserem Körper schaden wird. Die Forschung zeigt, dass wir, wenn wir glauben, dass eine Behandlung schmerzhaft ist oder Nebenwirkungen hat, mit größerer Wahrscheinlichkeit Schmerzen oder Nebenwirkungen (wie Muskelkrämpfe und Schmerzen in der Brust) erleben. Häufige Nocebo-Effekte sind Schmerzen, Muskelschmerzen, sexuelle Nebenwirkungen, Juckreiz und Gedächtnisprobleme.

- Der Nocebo-Effekt scheint häufiger bei Menschen aufzutreten, die unter Angst oder Depressionen leiden, die bestimmte Persönlichkeitsmerkmale aufweisen (z. B. pessimistisch, neurotisch oder sehr wettbewerbsorientiert sind) oder denen gesagt wird, dass die Behandlung Schmerzen oder unerwünschte Nebenwirkungen verursachen wird. In einer Studie aus dem Jahr 2017 fanden Wissenschaftler heraus, dass der Preis eines Medikaments die Schmerzverarbeitung modulieren kann. Patienten berichteten über stärkere Schmerzen, wenn eine gefälschte Behandlung als teures Medikament gekennzeichnet war, als wenn sie als billiges Medikament gekennzeichnet war, obwohl sie keine aktive Behandlung erhielten .[2]

Gegen den Uhrzeigersinn: Altern ist nur eine Kopfsache

- Das wohl eindrucksvollste Experiment über die Verbindung zwischen Körper und Geist war das "Counterclockwise"-Experiment der Harvard-Sozialpsychologin Ellen Langer. Im Jahr 1979 lud Langer acht ältere Männer in ihren späten 70ern und frühen 80ern zu einem Rückzugsort ein, der akribisch so gestaltet war, dass er dem Jahr 1959 ähnelte - und sie 20 Jahre in die Vergangenheit versetzte. Die Umgebung wurde sorgfältig mit zeittypischen Möbeln, Zeitungen, Büchern und Fernsehsendungen nachgestellt. Die Männer wurden angewiesen, sich voll und ganz auf das Erlebnis einzulassen, als ob sie sich tatsächlich im Jahr 1959 befänden. Dazu gehörte, dass sie über aktuelle Ereignisse aus dieser Zeit sprachen, von sich selbst in der Gegenwart sprachen, als ob sie jünger wären, und jeden Hinweis auf ihr tatsächliches Alter vermieden. Die Ergebnisse waren bemerkenswert: Nach nur einer Woche zeigten die Teilnehmer messbare Verbesserungen bei verschiedenen

Gesundheitsindikatoren, darunter Sehkraft, Gehör, Gedächtnis, Geschicklichkeit und Kraft. Auch ihre kognitiven Leistungen verbesserten sich. Als unabhängigen Beobachtern Fotos gezeigt wurden, die vor und nach der Kur aufgenommen worden waren, sahen die Männer auf den "Nachher"-Bildern außerdem deutlich jünger aus . [3]

- Diese Verbindung zwischen Geist und Körper ist nicht auf ältere Menschen beschränkt. Im Jahr 2016 entdeckte Langers Forschungsteam, dass unser Geist den Blutzuckerspiegel beeinflussen kann, indem er einfach glaubt, wie viel Zeit vergangen ist. In dieser Studie teilten die Forscher 47 Teilnehmer mit Typ-2-Diabetes nach dem Zufallsprinzip einer von drei Bedingungen für die Zeitwahrnehmung zu: Schnell, Normal und Langsam. Die Teilnehmer wurden dann angewiesen, 90 Minuten lang einfache Videospiele zu spielen. Die Teilnehmer in der Gruppe "Normal" sahen eine Uhr, die die tatsächlich verstrichene Zeit anzeigte, während die Teilnehmer in den Gruppen "Langsam" und "Schnell" Uhren sahen, die anzeigten, dass 45 bzw. 180 Minuten vergangen waren. Überraschenderweise spiegelte der Blutzuckerspiegel der Teilnehmer am Ende der 90-minütigen Sitzung die von ihnen wahrgenommene Zeit (45, 90 oder 180 Minuten) wider und nicht die tatsächlich verstrichene Zeit[4] . Dies deutet darauf hin, dass ein einfacher mentaler Trick den Körper dazu bringen kann, seinen Blutzuckerspiegel anzupassen.

- In einer ähnlichen Studie aus dem Jahr 2023 fügte das Team von Langer den Teilnehmern kleinere Wunden zu und verwendete dieselben drei Zeitwahrnehmungsbedingungen, wobei die tatsächlich verstrichene Zeit für alle Gruppen 28 Minuten betrug. Die Wunden heilten unter der Bedingung "Schnelle Zeit" deutlich schneller als unter den Bedingungen "Normale Zeit" und "Langsame Zeit", was das Konzept der Einheit von Körper und Geist weiter unterstützt . [5]

Mentalübungen: Stärker und schlanker werden... mit dem Verstand?

- Wenn Sie immer noch glauben, dass eine Gewichtsabnahme nur durch die Verbrennung einer bestimmten Anzahl von Kalorien erreicht werden kann, sollten Sie noch einmal darüber nachdenken. In einer faszinierenden Studie wurde untersucht, wie sich Überzeugungen über körperliche Aktivität auf die Gesundheit auswirken können, auch ohne tatsächliche Verhaltensänderungen. In dieser Studie rekrutierten die Forscher 84 Hotelangestellte, von denen die eine Hälfte darüber informiert wurde, dass ihre tägliche Arbeit (das Reinigen der Zimmer) den staatlichen Bewegungsrichtlinien entspricht, während die andere Hälfte nicht darüber informiert wurde. Überraschenderweise zeigte die informierte Gruppe bereits nach vier Wochen deutliche körperliche Verbesserungen: Gewichtsabnahme, niedrigerer Blutdruck, verbessertes Verhältnis von Taille zu Hüfte und verringerter Body-Mass-Index - und das alles ohne Änderungen bei Aktivität, Arbeitspensum oder Ernährung[6] . Diese Ergebnisse unterstützen das Konzept des "Activity Adequacy Mindsets" (AAMs), das besagt, dass die Überzeugung, das eigene Aktivitätsniveau sei gesund, physiologische Messwerte wie Herzfrequenz und Blutdruck positiv beeinflussen kann . [7]

- In einem anderen Experiment fanden Wissenschaftler heraus, dass mentales Training Kraftzuwächse bewirken kann, ohne dass körperliche Übungen durchgeführt werden müssen. In ihrem Experiment wurden 30 junge, gesunde Freiwillige in vier Gruppen eingeteilt, um ihre Kleinfingerabduktoren und Ellbogenbeugemuskeln zu trainieren, die bei täglichen Aktivitäten häufig gebraucht werden. Eine Gruppe von 8 Personen führte "mentale Kontraktionen" für die Abduktion des kleinen Fingers durch, eine Gruppe von 8 Personen führte mentale Kontraktionen für die Beugung des Ellbogens durch, eine Gruppe von 6 Personen führte physische Muskelübungen für die Abduktion des kleinen Fingers und die Beugung des Ellbogens durch, und die letzte Gruppe von 8 Personen führte weder physisches noch mentales Training durch, sondern nahm nur an allen Experimenten als Kontrollgruppe teil. Nach 12 Wochen Training, 15 Minuten pro Tag, 5 Tage pro Woche, steigerte die Gruppe mit körperlichem Training ihre Fingerabduktionskraft um 53 %. Interessanterweise steigerte die Mentaltrainingsgruppe ihre Fingerabduktions- und Ellbogenbeugekraft um 35 % bzw. 13,5 %, während die Kontrollgruppe keinen signifikanten Kraftzuwachs in ihren Muskeln verzeichnete. Die Wissenschaftler bestätigten die Verbesserung der Muskelkraft der Mentaltrainingsgruppen durch Messung des aus dem Elektroenzephalogramm abgeleiteten kortikalen Potenzials[8] . Vielleicht probieren Sie es das nächste Mal aus, um Ihre Muskeln zu stärken, wenn Sie sich zu müde fühlen, um ins Fitnessstudio zu gehen!

- Die oben genannten Experimente sind keine Einzelfälle. Seit den 1930er Jahren haben Wissenschaftler untersucht, wie mentale Praktiken die sportliche Leistung verbessern können. In einer früheren Studie aus dem Jahr 1978 wurden 32 College-Studenten nach dem Zufallsprinzip einer von vier Gruppen zugeteilt, um die Auswirkungen mentaler Übungen auf die Fähigkeit des Dartwerfens zu testen.

Die Kontrollgruppe erhielt kein Training, während die anderen drei Gruppen verschiedene Formen des Trainings durchführten: nur mentales Üben, mentales Üben mit simulierten motorischen Bewegungen und direktes körperliches Training. Die Teilnehmer der mentalen Übungsgruppe wurden angewiesen, die Augen zu schließen und sich den Vorgang des Dartwerfens lebhaft vorzustellen, wobei sie sich auf sensorische Details wie das Gefühl des Darts in der Hand, den Anblick des Ziels und das Geräusch des Darts, der das Board trifft, konzentrieren sollten. Die mental-motorische Gruppe kombinierte das mentale Üben mit körperlichen Bewegungen und ahmte den Wurfvorgang ohne einen echten Dart nach. Die Gruppe mit den direkten Übungen übte traditionell körperlich, indem sie die Pfeile auf die Zielscheibe warf. Nach sechs Tagen zeigten alle Übungsgruppen im Vergleich zur Kontrollgruppe deutliche Verbesserungen. Bemerkenswerterweise verbesserte sich die Gruppe mit den mentalen Übungen fast genauso stark wie die Gruppe mit den direkten körperlichen Übungen[9], was erneut die Kraft des Geistes unterstreicht!

- Die Fähigkeit, einen Dart zu werfen, ist nur eine der vielen motorischen Fähigkeiten, die getestet werden. Tatsächlich haben Wissenschaftler die Auswirkungen mentalen Übens auf verschiedene motorische Fähigkeiten ausführlich untersucht, darunter Basketball-Freiwürfe, Badminton, Eisschnelllauf, Stepptanz, Jonglieren mit dem Zauberstab, Werfen beim Softball, Chippen beim Golf und Dribbeln beim Fußball. Durch eine Meta-Analyse (ein statistisches Verfahren, das die Ergebnisse mehrerer Studien kombiniert) sind Forscher zu dem Schluss gekommen, dass mentales Üben das Erlernen und Behalten motorischer Fähigkeiten deutlich verbessert[10,11]. Aufgrund seiner positiven Auswirkungen wird mentales Training heute in verschiedenen Bereichen eingesetzt. Sportler nutzen sie, um ihre Leistung in Sportarten wie Basketball, Golf und Tanz zu verbessern. Musiker, wie z. B. Pianisten, nutzen mentales Üben, um neue Stücke zu lernen, während Mediziner, einschließlich Chirurgen, ihre verfahrenstechnischen Fähigkeiten durch Visualisierung verfeinern. Darüber hinaus hilft mentales Üben bei der Genesung nach einem Schlaganfall, indem es den Patienten hilft, ihre Mobilität wiederzuerlangen, und kann den Kraftverlust in verletzungsbedingt bewegungsunfähigen Gliedmaßen verringern.

Die heilende Kraft des Geistes

- Der Heilungsweg des tibetischen Lamas Phakyab Rinpoche ist ein bemerkenswertes Beispiel für das Potenzial des Geistes, den Körper zu heilen. Der Autor des Buches *"Meditation Saved My Life"* hatte nach einer brutalen Gefangenschaft in China und einer zermürbenden Flucht mit schweren gesundheitlichen Problemen zu kämpfen. Er entwickelte Gangrän in seinem rechten Knöchel, ein lebensbedrohlicher Zustand, der auftritt, wenn Gewebe aufgrund mangelnder Blutzufuhr oder einer schweren bakteriellen Infektion abstirbt. Außerdem litt er an Knochenbrüchen und Wirbelsäulentuberkulose. Die Ärzte in New York hielten eine Amputation für die einzige Möglichkeit, sein Leben zu retten. Ein Brief des Dalai Lama mit der Frage "Warum suchst du Heilung außerhalb deiner selbst?" inspirierte Rinpoche jedoch dazu, einen alternativen Weg zu gehen: Meditation. Mit jahrelanger Meditationserfahrung und einem tiefen Verständnis der tibetischen Heilpraktiken verließ Rinpoche das Krankenhaus und begab sich auf eine selbstgeführte Klausur. Er widmete sich vierzehn Stunden täglich der Meditation und dem Gebet und widersetzte sich allmählich den medizinischen Erwartungen. Sein infizierter Knöchel heilte, und seine Knochen begannen sich zu regenerieren. Drei Jahre später war er vollständig genesen und konnte wieder normal gehen.

- In einem Interview betonte Phakyab Rinpoche, dass Mitgefühl der Schlüssel zu seinem Heilerfolg sei. Er glaubt, dass wahre Heilung im Geist beginnt und für jeden zugänglich ist. Es geht nicht nur um medizinische Wunder, sondern um die Kultivierung von Mitgefühl und innerer Transformation im täglichen Leben. Rinpoche geht mit offenem Herzen auf andere zu und sieht sie als Mitmenschen, von denen jeder das Potenzial für Freundlichkeit und Wachstum besitzt. Er betont die Praxis des Mitgefühls und der Meditation der liebenden Güte, um den inneren Frieden zu kultivieren. Rinpoche zufolge kann eine übermäßige Selbstfokussierung den Frieden behindern, während Mitgefühl die "innere Tür" öffnet. Dies bringt egozentrische Gedanken zum Schweigen und fördert die Offenheit von Herz und Geist. Meditation, insbesondere "Shamatha" (ruhige Meditation), bringt geistige Ablenkungen zum Schweigen und fördert ein Gefühl der Ruhe in Körper und Geist. [12]

- Mit Hilfe fortschrittlicher Neuroimaging-Techniken haben Neurowissenschaftler herausgefunden, wie Meditation unser Gehirn umgestalten kann. Ein Harvard-Forschungsteam unter der Leitung von Sara Lazar untersuchte 16 Teilnehmer vor und nach einem achtwöchigen Achtsamkeitsprogramm mittels funktioneller Magnetresonanztomographie (fMRI). Die Teilnehmer führten täglich durchschnittlich 27 Minuten lang Achtsamkeitsübungen durch. Nach dem achtwöchigen Programm berichteten alle Teilnehmer über signifikante Verbesserungen in den Achtsamkeitsfragebögen. Gehirnscans zeigten eine Zunahme der grauen Substanz im Hippocampus, einer Gehirnregion, die für Lernen und Gedächtnis entscheidend ist. Darüber hinaus berichteten die Teilnehmer über ein geringeres Stressniveau, das mit einer verringerten Dichte der grauen Substanz in der Amygdala korrelierte, einem Bereich, der mit Angst und Stress in Verbindung gebracht wird[13] . Diese Veränderungen im Gehirn wurden ausschließlich in der Meditationsgruppe beobachtet, was darauf hindeutet, dass Achtsamkeitspraxis strukturelle und funktionelle Veränderungen in unserem Gehirn auslösen kann.

Finger wachsen lassen: Ein 1-Minuten-Experiment zum Testen der Kraft deines Geistes

- Haben Sie sich nach all dem, was Sie gelesen haben, Gedanken über Ihre eigene mentale Stärke gemacht? Hier ist Ihre Chance. Dein Geist kann deinen Körper in Sekundenschnelle verändern, und deine Finger sind ein großartiges Ziel für die Kraft deines Geistes. Um Ihre Finger mit Hilfe Ihres Geistes wachsen zu lassen, richten Sie zunächst Ihre linke und rechte Hand aufeinander aus und vergleichen Sie die Länge Ihrer Finger - sie sollten ähnlich, wenn auch nicht genau gleich sein. Nehmen Sie dann Ihre Hände auseinander, schließen Sie die Augen und entspannen Sie sich. Strecken Sie die Hand aus, die Sie wachsen lassen möchten, und konzentrieren Sie sich auf sie, indem Sie zu sich selbst sagen: "Sie wird länger, sie wird länger". Stellen Sie sich etwas Wachsendes vor, z. B. sprießendes Gras oder einen Baum, der in die Höhe schießt, um die Vorstellung zu verstärken. Nachdem Sie dies 15-30 Sekunden lang geübt haben (es kann länger dauern, bis Sie einen Effekt sehen), öffnen Sie die Augen, richten Sie Ihre Hände neu aus und vergleichen Sie Ihre Finger, um zu sehen, wie viel länger sie geworden sind. Das Ergebnis wird Sie sicher überraschen!

7.2 Das unbewusste Bewusstsein: Arbeiten jenseits des Bewusstseins

- Sigmund Freud, der oft als "Vater der Psychologie" bezeichnet wird, entwickelte in den frühen 1890er Jahren die Theorie der Psychoanalyse. Diese Theorie hat unser Verständnis des menschlichen Geistes und seiner Funktionen erheblich beeinflusst. Freud schlug vor, dass der menschliche Geist aus drei Bewusstseinsebenen besteht: dem Bewusstsein, dem Vorbewusstsein (oder Unterbewusstsein) und dem Unbewussten. Er betonte die wesentliche Rolle des Unbewussten bei der Beeinflussung des Verhaltens. Nach Freud beherbergt das Unbewusste verdrängte Erinnerungen, Gedanken und Triebe, die unserem Bewusstsein nicht ohne weiteres zugänglich sind. Diese drei Ebenen des Bewusstseins werden oft mit einem Eisberg verglichen, wobei das Bewusstsein nur die sichtbare Spitze über dem Wasser ist, während das Unbewusste den großen, verborgenen Teil unter der Oberfläche darstellt.

- Obwohl wir täglich unser Bewusstsein benutzen, ist uns oft nicht bewusst, dass viele unserer Verhaltensweisen durch das Unbewusste gesteuert werden. Dies wird in den Fällen von Split-Brain-Patienten und Menschen mit Blindheit anschaulich dargestellt (Kapitel 6). Split-Brain-Patienten können zum Beispiel genau auf etwas zeigen oder etwas zeichnen, sind aber nicht in der Lage, ihre Handlungen verbal zu erklären. In ähnlicher Weise können Menschen mit Blindheit in einem Gang navigieren und Hindernissen perfekt ausweichen, ohne sich bewusst zu machen, wie sie dies tun. In einem extremen Beispiel schienen Patienten mit Anosognosie Erinnerungen in ihr Unterbewusstsein zu verdrängen und zwischen zwei verschiedenen Identitäten hin und her zu wechseln: Die eine glaubte, sie sei vollkommen gesund, die andere erkannte ihren Gesundheitszustand. Diese Phänomene werfen eine tiefgreifende Frage auf: Ist unser freier Wille - der bewusste Verstand, auf den wir uns verlassen - wirklich frei, oder ist er nur eine Illusion?

- Der vielleicht direkteste Beweis für die Rolle unseres Unterbewusstseins/Unterbewusstseins stammt aus Gehirnscan-Studien. Mit Hilfe der funktionellen Magnetresonanztomographie (fMRI) können Wissenschaftler die Gehirnaktivität von Versuchspersonen während der Entscheidungsfindung beobachten. In einem Experiment sahen die Probanden einen Strom von Buchstaben auf einem Bildschirm und drückten, wann immer sie den Drang verspürten, entweder eine linke oder rechte Taste. Sie wurden gebeten, sich an den Buchstaben zu erinnern, der im Moment der Entscheidung angezeigt wurde, und später ihre Wahl durch die Auswahl dieses Buchstabens zu bestätigen. Mit Hilfe der fMRI analysierten die Forscher die Gehirnaktivität, um herauszufinden, ob sie die Entscheidung der Probanden vorhersagen konnten, bevor sie ihnen bewusst wurde. Sie fanden heraus, dass zwei Hirnregionen - der frontopolare Kortex (BA10) und der parietale Kortex - eine Aktivierung aufwiesen, die den Knopfdruck bis zu 10 Sekunden vor der bewussten Entscheidung der Versuchsperson vorhersagte[14] . Dies deutet darauf hin, dass unbewusste Hirnaktivitäten Entscheidungen beeinflussen, noch bevor sie in unser Bewusstsein gelangen. Eine spätere Studie über die Produktauswahl von Verbrauchern zeigte außerdem, dass kurze Perioden unbewussten Denkens (UT) in bestimmten Gehirnregionen (nämlich dem rechten dorsolateralen präfrontalen Kortex und dem linken visuellen Kortex) zur Verbesserung der Entscheidungsfindung beitragen. Dies deutet darauf hin, dass unser Gehirn Informationen verarbeiten und integrieren kann, um intelligentere Entscheidungen zu treffen, auch ohne bewusstes Denken . [15]

- Wissenschaftliche Erkenntnisse deuten darauf hin, dass unser unbewusstes Denken mindestens zwei Eigenschaften hat. Erstens ist es sehr mächtig und kann unseren Körper auf eine Weise verändern, wie es der bewusste Verstand nicht kann. Während unser bewusster Verstand unseren Körper vorübergehend beeinflussen kann - wie z. B. die Verlängerung unserer Hände/Finger durch Visualisierung - halten diese Effekte nur wenige Minuten an. Im Gegensatz dazu kann das Unterbewusstsein dauerhafte Veränderungen bewirken. So haben Studien gezeigt, dass Patienten Warzen - harte, erhabene Beulen, die durch das humane Papillomavirus (HPV) verursacht werden - beseitigen können, indem sie sie einfach "wegdenken". In einer in der Zeitschrift *The Lancet* veröffentlichten Studie wurden 21 Patienten mit Warzen einer Hypnose unterzogen, bei der sie sich entspannen, die Augen fixieren und sich wiederholende Befehle ausführen mussten. Während der Hypnose wurden ihnen zwei Suggestionen gegeben: dass die Warzen auf einer Seite ihres Körpers verschwinden würden und dass sie nach dem Aufwachen eine bestimmte Handlung ausführen würden. Von den 21 Patienten erreichten 15 eine ausreichende Hypnosetiefe, und ihre Warzen verschwanden innerhalb von fünf Wochen bis drei Monaten[16] . Diese überraschenden Ergebnisse, die durch mehrere andere Studien[17,18,19] bestätigt wurden, weisen auf einen Zusammenhang zwischen der Tiefe der Hypnose, der posthypnotischen Suggestion und dem Verschwinden der Warzen hin.

- Zweitens nimmt unser unbewusster Geist im Gegensatz zum bewussten Geist ständig unsere Umgebung wahr, selbst wenn wir bewusstlos sind. In Brian Weiss' Buch "Many Lives, Many Masters" (Viele Leben, viele Meister) sucht eine 27-jährige Laborantin namens Catherine wegen schwerer Angstzustände und Panikattacken eine Behandlung bei Weiss. Weiss wandte die Regressionstherapie an, und unter Hypnose erinnerte sich Catherine an viele ihrer 86 früheren Leben.

In einer Therapiesitzung war Catherine in der Lage, sich an Einzelheiten der Gespräche zu erinnern, die die Ärzte während einer Stimmbandoperation über ihren Zustand am Hals führten. Obwohl sie zu diesem Zeitpunkt betäubt und tief bewusstlos war, hatte ihr Geist die Diskussion der Chirurgen über die Erstickungsgefahr beim Einsetzen und Entfernen eines Schlauches registriert. Diese Erkenntnis ihres Unterbewusstseins löste eine starke Angst vor dem Verschlucken oder Ersticken aus, als sie aufwachte. Während der Hypnosesitzung erkannte Catherine diesen Zusammenhang und überwand daraufhin ihre Angst und Furcht[20] . Unser Unterbewusstsein sammelt wahrscheinlich eine große Menge an Informationen, während wir uns in einem unbewussten Zustand (wie Schlaf) befinden. Das einzige Hindernis besteht darin, mit unserem bewussten Verstand auf diese Informationen zuzugreifen.

7.3 Das Quantenrätsel des Geistes

- Während Neurowissenschaftler und Psychologen noch immer über die Realität der Einheit von Geist und Körper debattieren, haben Physiker ein noch kühneres Konzept aufgegriffen: Das Universum selbst könnte eine Projektion unseres Geistes sein. Anlässlich des hundertjährigen Jubiläums von Einsteins "Wunderjahr" veröffentlichte die renommierte Wissenschaftszeitschrift Nature im Jahr 2005 den prägnanten Aufsatz "The Mental Universe" von Richard Henry, einem Professor für Physik und Astronomie an der Johns Hopkins University. Henrys Aufsatz beginnt mit einer provokanten Aussage: "Die einzige Realität ist der Verstand und die Beobachtungen, aber die Beobachtungen sind nicht von Dingen. Um das Universum so zu sehen, wie es wirklich ist, müssen wir unsere Tendenz aufgeben, Beobachtungen als Dinge zu konzeptualisieren".[21] Viele andere Physiker, darunter Amit Goswami, ein pensionierter Professor für Theoretische Wissenschaft an der Universität von Oregon und Autor von "Physik der Seele", teilen ähnliche Ansichten. Diese Sichtweise ist faszinierend, aber was führt Physiker zu einer solch radikalen Schlussfolgerung über den Geist?

- Dies ist wahrscheinlich auf ein seltsames Phänomen in der Quantenmechanik zurückzuführen, den so genannten "Beobachtereffekt", bei dem der Akt der Beobachtung die Realität verändert. Das klassische Beispiel ist das Doppelspaltexperiment: Wenn es nicht beobachtet wird, scheint ein einzelnes Elektron beide Spaltöffnungen gleichzeitig zu passieren (ein bizarres Quantenphänomen, das als Superposition bekannt ist), wodurch ein Interferenzmuster auf einem Bildschirm entsteht. Versuchen die Wissenschaftler jedoch zu beobachten, durch welchen Spalt ein Elektron läuft, verhält sich das Elektron anders und verhält sich wie ein Teilchen statt wie eine Welle. Dies führt dazu, dass das Interferenzmuster verschwindet[22]. Mit anderen Worten: Es ist, als ob die Elektronen wissen, dass sie beobachtet werden und ihr Verhalten ändern! Da wir nicht anders können, als die Welt so zu beobachten, wie wir sie wahrnehmen, stellen sich Wissenschaftler die Frage: Ist unser beobachtbares Universum wirklich real? Gibt es überhaupt eine objektive Realität?

- Schrödingers Katze kann uns helfen, dieses rätselhafte Konzept besser zu verstehen. In diesem Gedankenexperiment schlug der österreichische Physiker Erwin Schrödinger vor, dass das Schicksal einer hypothetischen Katze von einem zufälligen Ereignis abhängt, das mit einer Wahrscheinlichkeit von 50 % eintritt, wie z. B. der radioaktive Zerfall. Bis jemand die Kiste öffnet, um den Zerfall zu messen (zu beobachten), bleibt sie in einem überlagerten Zustand, d. h. sowohl zerfallen als auch nicht zerfallen, wobei die Wahrscheinlichkeit, dass beide Zustände eintreten, jeweils 50 % beträgt. Infolgedessen ist die Katze paradoxerweise gleichzeitig lebendig und tot, bis die Schachtel geöffnet und der Zustand der Katze von einem Beobachter von außen gemessen wird. Das mag lächerlich klingen, aber in der Quantentheorie ist es völlig rational. Mit anderen Worten: Wir beobachten ständig das Universum, und jedes Mal, wenn wir dies tun, schaffen wir mit unseren Beobachtungen und unserem Verstand unsere eigene Realität.

- Um das Paradoxon von Schrödingers Katze zu lösen, entwickelte der US-amerikanische Physiker Hugh Everett III in den späten 1950er Jahren die Theorie der vielen Welten (oder Paralleluniversen). Diese Theorie besagt, dass jedes Quantenereignis zu einer Spaltung der Realität führt, wodurch Paralleluniversen entstehen, die alle möglichen Ergebnisse enthalten. Dies bedeutet, dass Schrödingers Katze in zwei Paralleluniversen existieren könnte: lebendig in einem und tot in einem anderen. Die toten und lebendigen Zustände der Katze sind dekohärent, d. h. sie interagieren oder kommunizieren nicht miteinander. Sobald eine Messung (Beobachtung) gemacht wird, existieren der Beobachter und die Katze nur in einer dieser Welten, nicht in beiden. Wenn Sie also ständig bereuen, dass Sie in Ihrem Leben falsche Entscheidungen getroffen haben, trösten Sie sich mit dem Gedanken, dass eine andere Version von Ihnen in einem Paralleluniversum ein Happy End genießen könnte!

- Nebenbei bemerkt: Obwohl die Quantenphysik seltsam und kontraintuitiv erscheint, gilt sie weithin als die erfolgreichste wissenschaftliche Theorie, die je entwickelt wurde. Sie erklärt ein breites Spektrum von Naturphänomenen mit außerordentlicher Genauigkeit, insbesondere auf atomarer und subatomarer Ebene. Darüber hinaus erklärt sie Phänomene, die vom Verhalten von Atomen bis hin zu den Eigenschaften von Halbleitern und der Sonne reichen. Viele moderne Technologien wie Laser und Transistoren beruhen auf Quantenprinzipien, und die Quantenphysik hat den Weg für bahnbrechende Innovationen wie Computer und Digitalkameras geebnet.

7.4 Der Geist und das Universum: Nicht getrennt, sondern miteinander verbunden

Zusammenschlagende Herzen

- Als menschliche Wesen mögen unsere Körper getrennt erscheinen, aber sie sind eng miteinander verbunden. In dem spanischen Dorf San Pedro Manrique nehmen die Einwohner jedes Jahr am 23. Juni an einem Feuerlauf-Ritual teil, bei dem sie in einer feierlichen Zeremonie zur Sommersonnenwende über heiße Kohlen gehen. Um die physiologischen Auswirkungen solcher Rituale zu verstehen, führten Forscher eine Studie durch, die sich auf die Herzfrequenz konzentrierte. Das Team beobachtete 12 Feuerläufer, 9 ihrer Angehörigen und 17 Zuschauer. Interessanterweise stellten die Forscher fest, dass sich die Herzfrequenz der Beobachter, die mit den Teilnehmern des Feuerlaufs verwandt oder eng befreundet waren, mit der der Feuerläufer synchronisierte. Die Herzfrequenzen dieser Verwandten stiegen und fielen fast identisch mit denen der Feuerläufer vor, während und nach jeder Wanderung, auch wenn sie selbst nicht aktiv teilnahmen[23] . Diese Synchronität hielt während des gesamten 30-minütigen Rituals an, was auf eine tiefe physiologische Verbindung hindeutet, die eher mit emotionalen Bindungen als mit gemeinsamen körperlichen Handlungen zusammenhängt. Im Gegensatz dazu zeigten Zuschauer, die keine persönliche Beziehung zu den Feuerläufern hatten, nicht das gleiche Herzfrequenzmuster, was unterstreicht, dass enge soziale Beziehungen wahrscheinlich der Schlüssel zu dieser synchronen Reaktion sind.

- Haben Sie beim gemeinsamen Lächeln mit Ihrem Baby schon einmal eine tiefe Verbundenheit gespürt? Wissenschaftler haben den Mechanismus entdeckt, der hinter dieser herzerwärmenden Erfahrung steckt. Eine Studie aus dem Jahr 2011 zeigt, dass sich die Herzen von Müttern und ihren 3 Monate alten Säuglingen bis auf die Millisekunde genau synchronisieren können, wenn sie gemeinsam lächeln und fröhliche Interaktionen erleben. Die Forscher beobachteten 40 Mutter-Kind-Paare während direkter Interaktionen und verwendeten Elektroden, um ihre Herzschläge zu überwachen. Sie fanden heraus, dass die Herzen von Mutter und Kind in Momenten des warmen Augenkontakts oder der gurrenden Laute nahezu synchron schlugen[24] . Bemerkenswert ist, dass dieser Effekt nur zwischen jeder Mutter und ihrem eigenen Kind beobachtet wurde. Diese "kardiale Kopplung" scheint bestimmte Gehirnareale zu aktivieren, die mit Empathie und sozialer Bindung in Verbindung gebracht werden. Frühere Forschungen deuten darauf hin, dass Babys, die diese Bindungsmomente verpassen, wie etwa Frühgeborene oder deren Mütter unter postpartalen Depressionen leiden, später im Leben, in der Pubertät, weniger Empathie zeigen.

- Eine ähnliche physiologische Verbindung wurde auch bei Paaren beobachtet. Im Jahr 2013 fand eine Studie der UC Davis heraus, dass Liebespartner ihre Herzfrequenz und Atemmuster synchronisieren können, was die Annahme stützt, dass ihre Herzen wirklich "wie eins schlagen". Die Forscher unter der Leitung des Psychologieprofessors Emilio Ferrer beobachteten 32 heterosexuelle Paare, die ein paar Meter voneinander entfernt saßen, ohne zu sprechen oder sich zu berühren. Die Studie ergab, dass sowohl die Herzfrequenz als auch die Atemintervalle bei jedem Paar eng aufeinander abgestimmt waren. Diese Synchronisation fand jedoch nicht statt, wenn die Personen mit Nicht-Partnern[25] zusammensaßen. Die Studie zeigte auch, dass Frauen dazu neigten, ihre physiologischen Reaktionen stärker auf ihre Partner abzustimmen, was auf ein möglicherweise höheres Maß an Empathie oder Einfühlungsvermögen bei Frauen schließen lässt.

- In den oben beschriebenen Szenarien haben sich die Paare nicht berührt. Was aber, wenn sie sich an den Händen hielten? Eine weitere Studie des CU Boulder-Forschers Pavel Goldstein aus dem Jahr 2017 untersuchte, wie Berührungen durch physiologische Synchronisation Schmerzen bei Liebespaaren lindern können. In einer Studie mit 22 heterosexuellen Langzeitpaaren maßen die Forscher die Herz- und Atemfrequenz in drei Szenarien: beim Zusammensitzen ohne Berührung, beim Zusammensitzen mit Händchenhalten und beim getrennten Sitzen, während die Frau leichte Schmerzen hatte. Ähnlich wie in der Studie aus dem Jahr 2013 stellten die Wissenschaftler fest, dass Paare ihre physiologischen Rhythmen auf natürliche Weise synchronisieren, dass aber Schmerz diese Synchronisation stört. Als sich die Paare jedoch an den Händen hielten, synchronisierten sich ihre Herz- und Atemfrequenz wieder, und die Schmerzen der Frau gingen zurück[26] . Die schmerzlindernde Wirkung war stärker, wenn der männliche Partner ein höheres Maß an Empathie zeigte, was darauf hindeutet, dass Berührungen Empathie vermitteln und eine schmerzlindernde Wirkung haben können. Die Forscher stellen die Hypothese auf, dass die Synchronisation den anterioren cingulären Kortex des Gehirns beeinflussen könnte, einen Bereich, der sowohl mit Empathie als auch mit der Schmerzwahrnehmung in Verbindung steht. Wenn Sie also das nächste Mal im Kreißsaal sind, denken Sie an die Kraft einer unterstützenden Berührung - halten Sie die Hand Ihres Partners!

Beruhigung des Geistes, Beruhigung der Stadt

- Wenn das beobachtbare Universum eine Projektion unseres Geistes ist, dann könnte die Veränderung unseres geistigen Zustands nicht nur unseren Körper verändern (durch die Geist-Körper-Verbindung), sondern auch das Universum, einschließlich unseres Lebensumfelds, beeinflussen. Tatsächlich haben viele Forschungsgruppen untersucht, wie sich Meditationspraktiken auf die Kriminalitätsrate in der Gesellschaft auswirken, und sie haben eine interessante Verbindung zwischen beiden gefunden. Im Folgenden finden Sie zwei bemerkenswerte Studien.

- In einer Studie untersuchten Forscher mit Hilfe einer Zeitreihenanalyse die Auswirkungen der Transzendentalen Meditation (TM) auf die Kriminalitätsrate in Merseyside, Vereinigtes Königreich. Merseyside ist ein Großstadtbezirk im Nordwesten Englands, zu dem die Stadt Liverpool (1,5 Millionen Einwohner) gehört und der in der Vergangenheit eine hohe Kriminalitätsrate aufwies. 1975 schlug eine Liverpooler TM-Lehrerin namens Patricia Stone dem Oberbürgermeister einen Plan vor, um die Kriminalität durch Transzendentale Meditation um 16 % zu senken. Frühere Forschungen deuteten darauf hin, dass, wenn die Zahl der Meditationspraktizierenden in einer Gemeinde die Quadratwurzel aus 1 % der Bevölkerung erreicht, eine messbare Verschiebung hin zu einer größeren sozialen Ordnung (erkennbar am Rückgang der Kriminalität) eintreten könnte. Im Fall von Merseyside lag diese Schwelle bei der Quadratwurzel aus etwa 1 0.000, was 100 Praktizierenden entspricht. Mit finanzieller Unterstützung des Bürgermeisters strebte Frau Stone an, 1 % der Bevölkerung in der TM zu unterrichten. 1980 wurde im nahe gelegenen Skelmersdale das Maharishi European Sidhaland gegründet, um einen idealen Lebensstil durch tägliche TM-Sidhi-Praxis zu fördern. Bis 1991 war diese Gemeinschaft auf 365 Mitglieder angewachsen. Darüber hinaus wurde im März 1988 ein Gruppenmeditationszentrum mit dem Namen Maharishi Golden Dome eröffnet. Während der Eröffnungszeremonie sagten führende Vertreter der Gemeinde im Fernsehen voraus, dass die Praxis zu einem Rückgang der Kriminalität führen würde.

- Haben sich ihre Bemühungen gelohnt? Interessanterweise ergab die Analyse der Daten von 1978 bis 1991, dass im März 1988, als die Gruppengröße erstmals die Schwelle von 100 überschritt, die Kriminalitätsrate in Merseyside deutlich zurückging - um 13,4 %. Dieser Rückgang hielt bis 1992 an, obwohl die nationale Kriminalitätsrate um 45 % anstieg. Bemerkenswert ist, dass sich die Kriminalitätsrate in Merseyside von der dritthöchsten unter den großen Ballungsräumen im Jahr 1987 auf die niedrigste im Jahr 1992 verbesserte, wobei die Rate um 40 % niedriger war, als aufgrund früherer Trends vorhergesagt. Die Studie schätzt, dass es in Merseyside von 1988 bis 1992 255.000 Straftaten weniger gab, als zu erwarten gewesen wäre, wenn die Region den nationalen Trends gefolgt wäre, was zu potenziellen Einsparungen von über 1,25 Milliarden Pfund an Kriminalitätsverlusten geführt hätte[27] . Dieser signifikante Rückgang der Kriminalitätsrate lässt sich nicht durch andere Faktoren erklären, wie z. B. demografische Verschiebungen, wirtschaftliche Veränderungen oder polizeiliche Praktiken während des untersuchten Zeitraums.

- In einer anderen Studie untersuchten Forscher die Auswirkungen einer großen Gruppe, die Transzendentale Meditation und das TM-Sidhi-Programm praktizierte, auf die Gewaltverbrechen in Washington, D.C. im Juni und Juli 1993. Washington, D.C. hatte zwischen 1986 und 1992 einen Anstieg der Gewaltverbrechen um 77 % zu verzeichnen, obwohl das jährliche Budget für Kriminalität auf fast 1 Milliarde Dollar anstieg. Außerdem wurde für das folgende Jahrzehnt eine Verdoppelung der Jugendgewaltverbrechen prognostiziert. Um die Auswirkungen der TM auf die Verringerung des sozialen Stresses und der Kriminalitätsrate zu untersuchen, versammelten sich etwa 4.000 Teilnehmer, um durch die Ausübung der TM die kollektive Kohärenz (Harmonie) zu erhöhen. Die Untersuchung, die von einem unabhängigen 27-köpfigen Prüfungsausschuss überwacht wurde, analysierte wöchentliche Verbrechensdaten aus Polizeiaufzeichnungen unter Berücksichtigung von Faktoren wie Wetter und Kriminalitätstrends. Die Ergebnisse zeigten, dass die Zahl der Tötungsdelikte, Vergewaltigungen und Körperverletzungen (HRA-Verbrechen) während des Projekts deutlich zurückging - um bis zu 23,3 %. Dieser Rückgang war im gleichen Zeitraum der vorangegangenen fünf Jahre nicht zu beobachten. Die Analyse bestätigte, dass der Rückgang der Straftaten nicht durch eine verstärkte Polizeipräsenz erklärt werden konnte und dass der Effekt auch nach dem Ende des Projekts anhielt[28]. Die Forscher schätzten, dass eine ständige Gruppe von 4.000 Teilnehmern die HRA-Verbrechen langfristig um 48 % reduzieren könnte.

- Diese beiden Studien stellen nur einen Bruchteil der über 600 Forschungsstudien dar, die in den letzten fünf Jahrzehnten durchgeführt wurden. Diese Studien, die an über 200 Universitäten und Forschungseinrichtungen in 30 Ländern durchgeführt wurden, haben die Auswirkungen der TM auf die Verbesserung des individuellen und gesellschaftlichen Wohlbefindens untersucht und sind durchweg zu ähnlichen positiven Ergebnissen gekommen[29]. Wie verbessert die TM die Sicherheit in den Städten? Wissenschaftler haben herausgefunden, dass die Transzendentale Meditation mit der frontal-dominanten Alpha1-Aktivität (8-10 Hz) im Elektroenzephalogramm (EEG) verbunden ist, die die elektrische Aktivität des Gehirns widerspiegelt. Diese Alpha1-Frequenz im frontalen Kortex des Gehirns während der TM-Praxis wird mit einem Zustand des inneren Bewusstseins und der geistigen Ruhe in Verbindung gebracht. Wissenschaftler vermuten, dass die kohärenten Gehirnaktivitäten von Meditationspraktizierenden, wenn sie in Gruppen praktizieren, denen von Laserlicht ähneln, bei dem alle Photonen in Phase sind, die gleiche Wellenlänge haben und sich in die gleiche Richtung bewegen. Aufgrund dieser laserähnlichen Kohärenz nutzten die Forscher die Gesetze der Physik, um die Anzahl der Praktizierenden zu berechnen, die erforderlich ist, um einen Effekt bei der Reduzierung der Kriminalitätsrate zu erzielen. Daraus leiteten sie das Quadratwurzelmodell ab. In diesem Modell wird davon ausgegangen, dass das TM-Sidhi-Programm eine kohärente, geordnete Wirkung ausstrahlt, ähnlich wie physikalische Felder, die die Harmonie in der ganzen Stadt fördert.

Die Spiegel-Regel

- Ein vielleicht überraschendes Beispiel dafür, wie unsere Gedanken unser Lebensumfeld beeinflussen können, liefert das Buch *The Mirror Rule*. Das auf einer wahren Begebenheit basierende und von Yoshinori Noguchi geschriebene Buch untersucht die Idee, dass unsere äußere Realität unsere innere Welt widerspiegelt.

Die Geschichte handelt von Eiko Akiyama, einer 41-jährigen Hausfrau, die mit ihrem Sohn Yuta aus der fünften Klasse zu kämpfen hat, der emotional distanziert und unruhig ist. Eiko ist zutiefst frustriert, vor allem wegen des Mobbings, dem ihr Sohn in der Schule ausgesetzt ist. In ihrer Verzweiflung streitet sich Eiko sogar mit ihrem Mann, so dass sie sich verloren und überfordert fühlt. Sie wendet sich an ihre Freundin Yaguchi, die sich mit Psychologie auskennt, und bittet sie um Rat. Zu ihrer Überraschung schlägt Yaguchi vor, dass Eikos angespanntes Verhältnis zu ihrem Sohn mit ungelösten Gefühlen gegenüber ihrem eigenen Vater zusammenhängen könnte. Er ermutigt sie, sowohl ihre Beschwerden als auch die Dinge aufzulisten, für die sie in Bezug auf ihren Vater dankbar ist, und ihm dann ihre Dankbarkeit direkt zu zeigen. Obwohl sie zunächst skeptisch ist, folgt Eiko Yaguchis Rat. Sie schreibt eine Liste mit den positiven und negativen Aspekten ihrer Beziehung zu ihrem Vater. Dabei erkennt sie, dass ihr Vater sie wirklich mochte, obwohl sie sich in der Vergangenheit auf seine Schwächen konzentriert hatte. Sie empfindet Reue und beschließt, sich ihrem anhaltenden Schmerz und ihrer Verbitterung zu stellen, indem sie ihm vergibt. In einem emotionalen Telefongespräch bedankt sie sich bei ihrem Vater und lässt Jahre des Missverständnisses und des Grolls hinter sich. Nach diesem Akt der Vergebung erfährt Eikos Leben eine überraschende Veränderung. Ihr Sohn, der sich zuvor zurückgezogen hatte, öffnet sich ihr, erzählt ihr von seinem Schulleben und sagt ihr, dass das Mobbing aufgehört hat. Auch ihr Mann zeigt sich ihr gegenüber dankbar, und die Harmonie in ihrer Familie ist wiederhergestellt. Das Buch veranschaulicht, dass unsere äußeren Umstände oft unseren inneren Zustand widerspiegeln. Wenn wir Groll hegen, kann sich das negativ auf unser Leben auswirken und zu einer Realität führen, die von Beschwerden und Negativität geprägt ist. Um unsere Realität zu verändern, müssen wir zuerst unser Herz verändern.

Verstrickt und verbunden: Das Einssein umarmen

- Wie können wir die Auswirkungen unseres Geistes auf die Umwelt verstehen? Quantenphysiker haben vielleicht eine Antwort gefunden: Verschränkung. Die Quantenverschränkung ist ein faszinierendes und kontraintuitives Phänomen, das Einstein berühmt als "spukhafte Fernwirkung" bezeichnete. Es bezieht sich auf einen Zustand, in dem zwei Teilchen so miteinander verbunden sind, dass sich eine Veränderung des einen Teilchens sofort auf das andere auswirkt, unabhängig von der Entfernung zwischen ihnen - selbst wenn sie Milliarden von Lichtjahren voneinander entfernt sind. Einstein war skeptisch gegenüber der Existenz der Verschränkung, da sich nichts, auch keine Information, schneller als das Licht bewegen kann. Wissenschaftler haben jedoch kürzlich entdeckt, dass die Verschränkung nicht nur real ist, sondern wahrscheinlich auch ein grundlegender Mechanismus unseres Universums.

- In einer faszinierenden Arbeit, die in *Nature* veröffentlicht wurde, wird untersucht, wie die Quantenverschränkung die Existenz unseres Universums untermauern könnte. Die Beziehung zwischen Geometrie und Verschränkung in der Quantenphysik bietet eine Möglichkeit zu verstehen, wie der Raum selbst durch dieses Phänomen "verwoben" sein könnte. Stellen Sie sich ein 3D-Universum vor, das die Physiker als "Masse" bezeichnen und das von einer 2D-"Grenze" umgeben ist, ähnlich wie die Haut eines Ballons. Die Idee ist, dass die Aktivität innerhalb der 2D-Grenze - wo Quantenpartikel existieren und interagieren - irgendwie das 3D-Universum erzeugt, das wir im Inneren erleben. Mithilfe mathematischer Modelle entdeckten die Physiker, dass sich der 3D-Raum im Inneren zu dehnen und zu trennen begann, wenn sie die Verschränkung der Teilchen an der Grenze reduzierten. Wenn sie die gesamte Verschränkung entfernten, brach der Raum in unzusammenhängende Teile auseinander - ähnlich wie wenn man ein Stück Kaugummi auseinanderzieht, bis es reißt[30] . Dies deutet darauf hin, dass die Verschränkung - die tiefe Verbindung zwischen Teilchen, selbst wenn sie weit voneinander entfernt sind - nicht nur ein seltsamer Quanteneffekt ist. Sie ist möglicherweise der "Klebstoff", der die Raumzeit zusammenhält und sie glatt und kontinuierlich macht. Ohne Verschränkung könnte der Raum selbst in isolierte Fragmente zerfallen. Diese Entdeckung zeigt, dass die Verschränkung für die Struktur des Universums von grundlegender Bedeutung ist. Sie könnte sogar erklären, warum unsere Handlungen und Gedanken nicht nur unseren Körper, sondern auch die Umgebung, in der wir leben, beeinflussen können!

7.5 Geist über Materie: Die Wissenschaft über die Macht der Gedanken

Wasser spürt deine Gedanken

- Im Jahr 2004 wurde Dr. Masaru Emotos Buch "The Hidden Messages in Water" zum Bestseller der New York Times. In diesem Buch setzte Dr. Emoto Wasser verschiedenen emotionalen Reizen wie Worten, Bildern oder Musik aus und untersuchte dann die entstehenden Eiskristalle unter dem Mikroskop. Er fand heraus, dass die Struktur der Eiskristalle von den Worten und Gefühlen, die auf das Wasser gerichtet waren, beeinflusst wurde. Wasser, das positiven Worten und Absichten ausgesetzt war, wie z. B. "Danke" und "Ich liebe dich", bildete schöne, komplexe und symmetrische kristalline Strukturen. Andererseits bildete Wasser, das negativen Worten und Absichten ausgesetzt war, wie "Ich hasse dich" und "Ich will dich töten", ungeordnete und asymmetrische Strukturen. Emoto beobachtete auch, dass verschiedene Wasserquellen unterschiedliche Eisstrukturen erzeugen. So erzeugte Wasser aus einem Gebirgsbach geometrische Muster, während Wasser aus verschmutzten Quellen verzerrte Eisstrukturen erzeugte. Aufgrund dieser Beobachtungen kam Emoto zu dem Schluss, dass unsere Gedanken und Worte das Wasser und die Umwelt erheblich beeinflussen können.

- Es überrascht nicht, dass das Buch viel Lob erhielt, aber auch von vielen Wissenschaftlern als voreingenommen und nicht schlüssig kritisiert wurde. Um zu testen, ob Absicht die Bildung von Wasserkristallen beeinflussen kann, führte das Institute of Noetic Sciences (IONS) in Kalifornien, USA, ein Doppelblind-Experiment durch. Bei dieser Art von Experiment weiß weder die Person, die das Experiment vorbereitet, noch die Person, die die Ergebnisse analysiert, welche Proben die behandelten und welche die unbehandelten Kontrollen sind, bis das Experiment abgeschlossen ist. Die Forscher kauften vier Plastikflaschen mit Wasser und wählten nach dem Zufallsprinzip zwei Flaschen als "behandelt" und zwei als "Kontrolle" aus. Die behandelten Flaschen wurden in einem elektromagnetisch abgeschirmten Raum bei IONS in Kalifornien aufbewahrt, während die Kontrollflaschen separat gelagert wurden. Während einer Konferenz in Tokio leitete Dr. Emoto eine Gruppe von 2.000 Menschen zu einem fünfminütigen Gebet an, das auf das behandelte Wasser gerichtet war. Am nächsten Tag schickten Wissenschaftler von IONS alle Flaschen in Dr. Emotos Labor in Tokio, wo 50 Wassertropfen aus jeder Flasche auf Kristallbildung untersucht wurden. Die Wissenschaftler fanden heraus, dass das behandelte Wasser tatsächlich eine etwas höhere Anzahl ästhetisch ansprechender Kristalle produzierte als die Kontrollgruppe, und die behandelten Kristalle wurden als deutlich ansprechender bewertet als die der Kontrollgruppe[31] . Die Wissenschaftler kamen zu dem Schluss, dass die Absicht einen messbaren Einfluss auf die Kristallbildung im Wasser zu haben scheint.

Beeinflussung von Zufallsereignissen durch menschliche Absichten

- Die rigorosesten Experimente zur Erforschung der Auswirkungen des Geistes auf die physische Realität wurden wahrscheinlich vom Princeton Engineering Anomalies Research (PEAR) Programm durchgeführt. PEAR wurde 1979 vom Dekan der Ingenieurwissenschaften, Robert G. Jahn, gegründet und war Teil der School of Engineering and Applied Science der Princeton University. Das Programm untersuchte fast drei Jahrzehnte lang, wie das menschliche Bewusstsein mit physikalischen Geräten, Systemen und Prozessen interagieren könnte. Seit seiner Gründung hat PEAR mehr als 50 Artikel veröffentlicht, in denen sowohl experimentelle Ergebnisse als auch die philosophischen Implikationen für Wissenschaft, Technik und Kultur diskutiert werden[32] . Das Programm entwickelte auch theoretische Modelle, um die Rolle des Bewusstseins bei der Gestaltung der physischen Realität besser zu verstehen.

- Ein Schwerpunkt des PEAR-Programms war die Untersuchung von Mensch-Maschine-Interaktionen in einem technischen Kontext. Mit Hilfe eines mikroelektronischen Zufallsgenerators (REG), der eine zufällig wechselnde Folge positiver und negativer elektrischer Impulse erzeugt, untersuchten die Forscher, ob die Absichten der menschlichen Bediener die Verteilung positiver oder negativer Ereignisse beeinflussen können. Im Laufe von 12 Jahren umfasste die Studie mehr als 100 menschliche Bediener, über 1.000 Versuchsreihen und mehr als 2 Millionen Versuche mit vier verschiedenen Arten von Zufallsgeräten. Interessanterweise fanden die Forscher signifikante Korrelationen zwischen den Absichten der Bediener und den mittleren Ergebnissen der verschiedenen binären Zufallsgeräte, was auf eine kleine (etwa 10^{-4} Bits pro verarbeitetem Bit), aber signifikante und konsistente Abweichung vom Zufall (mit $p \approx 3{,}5 \times 10^{-13}$)[33] hinweist.

- Die Experimente brachten drei wichtige Erkenntnisse. Erstens stellten die Forscher bemerkenswerte Unterschiede zwischen männlichen und weiblichen Teilnehmern fest. Obwohl einige weibliche Teilnehmer die höchsten Einzelergebnisse erzielten, war die Gesamtkorrelation zwischen Absicht und Ergebnis bei Frauen schwächer als bei Männern. Zweitens schien die räumliche Entfernung zwischen der Person und der Maschine keine Rolle zu spielen. Egal, ob sich der Bediener in der Nähe der Maschine oder Tausende von Kilometern entfernt befand, die Auswirkungen waren ähnlich. Drittens konzentrierten sich die Bediener in einer Reihe von Experimenten außerhalb der Arbeitszeit auf den Betrieb der Maschine zu Zeiten, die nicht mit der eigentlichen Datenerfassung zusammenfielen - manchmal sogar Tage davor oder danach. Überraschenderweise stellten die

Forscher fest, dass die Ergebnisse dieser "Off-Time"-Experimente den in Echtzeit erfassten Daten sehr ähnlich waren, einschließlich geschlechtsspezifischer Unterschiede und einiger Verschiebungen in den Daten[33] . Nur bei Experimenten mit fest verdrahteten Geräten oder algorithmischen Ansätzen, die bekanntermaßen pseudozufällige (scheinbar zufällige, aber tatsächlich vorherbestimmte) Ereignisse erzeugen, konnten die Forscher keine Auswirkungen der Absichten der Betreiber feststellen. Dies deutet darauf hin, dass ein echter Zufall notwendig war, um die Auswirkungen zu beobachten.

7.6 Das Bewusstsein nach dem Tod: Wissenschaft oder Fantasie?

Nahtoderfahrung: Besteht das Bewusstsein über den Tod hinaus?

- Dr. Eben Alexander, ein hochqualifizierter Neurochirurg, der an angesehenen medizinischen Fakultäten wie Harvard, Duke, der University of Massachusetts und der University of Virginia tätig war, hatte zuvor keine religiösen Neigungen und glaubte fest daran, dass das Bewusstsein ausschließlich ein Produkt der Gehirnaktivität ist. Im Jahr 2008 erkrankte Dr. Alexander jedoch an einer bakteriellen Hirnhautentzündung durch eine *E.* coli-Infektion. Durch die Infektion entzündeten sich sein Gehirn und sein Rückenmark schwer, was zu einem Hirnstillstand und lebensbedrohlichen Zuständen führte. Er wurde für sieben Tage in ein künstliches Koma versetzt, und seine Glasgow Coma Scale zeigte an, dass er kein messbares Bewusstsein mehr hatte.

- Dr. Alexander erholte sich jedoch in bemerkenswerter Weise vom Koma. Er behauptete, während dieser Zeit ein Bewusstsein außerhalb seines Körpers erlebt zu haben, das er als "engelhaftes Wesen" bezeichnete, und mit einer göttlichen Präsenz kommuniziert zu haben. Seine Erfahrung begann in einem dunklen, "primitiven" Bereich, den er als eine "verbrannte Erde" beschrieb. Von dort aus hob ihn ein sich drehendes, helles weißes Licht in einen Bereich, den er das "Gateway Valley" nannte. Dieses Reich glich einem irdischen Paradies mit üppigen Landschaften, leuchtenden Blumen und herabstürzenden Wasserfällen. Er begegnete Engelswesen, hörte kraftvolle Gesänge und Hymnen und fühlte sich von einem tiefen Gefühl der Liebe und Ruhe umhüllt. Er beschrieb auch eine Verbindung zu einer höheren, göttlichen Präsenz, die er als "Der Kern" bezeichnete und die er als die Quelle aller Existenz wahrnahm. Dieses Wesen vermittelte ein Gefühl von unendlicher Liebe und Heilung. Die Reise endete, als ein Junge ihm sagte, er müsse in sein irdisches Leben zurückkehren[34] . Dr. Alexanders Nahtoderfahrung veränderte ihn zutiefst und führte ihn zu der Überzeugung, dass das Bewusstsein nicht nur ein Produkt des Gehirns ist, sondern über die physische Existenz hinausgeht. Er dokumentierte seine Erfahrung in dem 2012 erschienenen Buch *Proof of Heaven*, das ein Bestseller der New York Times wurde.

- Die Geschichte von Dr. Alexander löste eine intensive Debatte aus. Während sie von Personen, die ähnliche Nahtoderfahrungen gemacht haben, positiv aufgenommen wurde, blieben Wissenschaftler und Kollegen äußerst skeptisch. Kritiker argumentieren, dass sein Gehirn nicht völlig inaktiv war und seine Erfahrung lediglich ein Produkt der unberechenbaren Aktivität seines infizierten Gehirns war. Die Forschungen von Dr. Sam Parnia haben jedoch gezeigt, dass zumindest einige Aspekte der Nahtoderfahrung schwer zu erklären sind, wenn die Gehirnaktivität für die bewusste Erfahrung erforderlich ist.

- Dr. Sam Parnia, ein Intensivmediziner und Forscher an der New York University Langone School of Medicine, ist auf Wiederbelebungsmaßnahmen spezialisiert. Er und seine Kollegen untersuchten, was mit dem Bewusstsein während und nach dem klinischen Tod geschieht, und konzentrierten sich dabei auf Patienten, die einen Herzstillstand erlitten. An der Studie, die in 15 medizinischen Zentren in den USA und Europa durchgeführt wurde, nahmen über 2.000 Patienten teil. Interessanterweise stellte das Team von Parnia fest, dass bis zu 40 % der wiederbelebten Personen über ein gewisses Maß an Bewusstsein während des Herzstillstands berichteten - eine Phase, in der das Herz aufhört zu schlagen, die Atmung aussetzt und das Gehirn abschaltet, was den klinischen Tod signalisiert. Einige berichteten von tiefgreifenden, lebensverändernden Erfahrungen. Bemerkenswert ist, dass 2 % der Befragten bei vollem Bewusstsein waren und die Ereignisse um sie herum während ihres Herzstillstands genau beschreiben konnten[35] . Diese Ergebnisse deuten darauf hin, dass das Bewusstsein auch nach dem klinischen Tod fortbestehen kann. Die Implikationen sind bedeutsam, denn sie stellen die gegenwärtigen Ansichten über den Tod und die Natur des Bewusstseins in Frage und deuten darauf hin, dass das Bewusstsein möglicherweise nicht ausschließlich an die Gehirnaktivität gebunden ist.

Reinkarnation: Leben wir mehr als nur einmal?

- Ein weiterer Beweis für ein Bewusstsein nach dem Tod könnte aus der Reinkarnationsforschung stammen. Dr. Brian Weiss, der Autor des Buches "Viele Leben, viele Meister", beschrieb, wie seine Patientin "Catherine" während einer Hypnosetherapie in der Lage war, sich an ihre 86 früheren Leben zu erinnern; einige der Details (wie die Daten und Besonderheiten bestimmter historischer Ereignisse) wurden bestätigt. Kritiker argumentieren jedoch, dass es sich bei den Erinnerungen an frühere Leben um erfundene Geschichten handeln könnte, die sich zufällig mit realen Ereignissen decken. Tatsächlich haben Forscher sogar Experimente durchgeführt und herausgefunden, dass einige Details zufällig mit realen Ereignissen übereinstimmten, wenn man Kindern sagte, sie sollten sich ihre Geschichten aus dem vergangenen Leben ausdenken. Widerlegt dies also die Reinkarnationsforschung?

- Die Ergebnisse von Dr. Ian Stevenson könnten Aufschluss über diese Frage geben. Als ehemaliger Professor für Psychiatrie an der Universität von Virginia dokumentierte Dr. Stevenson über 3.000 Fälle von Kindern, die über Erinnerungen an frühere Leben berichteten. Neben der Überprüfung der Einzelheiten dieser Ereignisse aus vergangenen Leben durch persönliche Interviews mit den betroffenen Personen konzentrierte sich Dr. Stevenson auf ein bestimmtes Merkmal dieser Kinder: Geburtsmale und Geburtsfehler. In einem Fall ging es beispielsweise um einen indischen Jungen, der mit einer deformierten rechten Hand geboren wurde und behauptete, in seinem früheren Leben sei ihm die rechte Hand amputiert worden, nachdem er sie bei einem Unfall mit einer Schneidemaschine verletzt hatte. Ein anderer Fall betraf einen indischen Mann, der sich daran erinnerte, in einem früheren Leben an einer Schusswunde in der Brust gestorben zu sein; er hatte schmerzhafte Muttermale auf der Brust, die Schusswunden ähnelten. Diese Aussagen wurden unabhängig voneinander durch medizinische Aufzeichnungen und die Aussage des behandelnden Arztes bestätigt, was auf einen möglichen Zusammenhang zwischen Muttermalen/Geburtsfehlern und Traumata in früheren Leben hindeutet . [36]

- Dr. Stevenson war zwar überzeugend, doch ein wichtiger Kritikpunkt war, dass seine Fälle hauptsächlich aus Ländern wie Indien und Sri Lanka stammten, wo der Glaube an ein Leben nach dem Tod weit verbreitet ist. Dies weckte Bedenken hinsichtlich einer möglichen Voreingenommenheit und der Möglichkeit von erfundenen Geschichten. Als Reaktion auf diese Kritik weitete Dr. Stevenson seine Forschungen auf westliche Länder aus, darunter auch die Vereinigten Staaten. Sein

Schüler, Dr. Jim Tucker, setzte diese Arbeit nach dem Tod von Dr. Stevenson im Jahr 2007 fort. In seinem Buch "Life Before Life" präsentierte Dr. Tucker einen überzeugenden Fall aus den USA.

- John McConnell, der Großvater eines Jungen namens William, wurde 1992 bei einem Raubüberfall auf ein Elektronikgeschäft in New York City tödlich angeschossen. Bei dem Versuch, einzugreifen, wurde John von einem Räuber, der sich hinter der Ladentheke versteckt hatte, sechs Mal angeschossen. Trotz seiner Verletzungen wehrte sich John und erlag schließlich seinen Verletzungen. William, der fünf Jahre später geboren wurde, hatte eine Pulmonalklappenatresie, einen Herzfehler, der den Blutfluss zu seinen Lungen einschränkte. Außerdem hatte er eine unterentwickelte rechte Herzkammer. Diese Geburtsfehler ähnelten auffallend den Wunden, die sein Großvater erlitten hatte. Darüber hinaus zeigte William detaillierte Erinnerungen an das Leben seines Großvaters, erinnerte sich an Johns Spitznamen für eine Katze, "Boss", und an bestimmte Ereignisse, die nur John gekannt haben konnte. William sprach auch über das Sterben und die Wiedergeburt und korrigierte seine Mutter sogar bei den Daten von Johns Tod und seiner eigenen Geburt. Seine Persönlichkeit und seine Gewohnheiten spiegelten die seines Großvaters wider, was auf eine tiefe Verbindung zwischen den beiden hindeutet . [37]

Der unsterbliche Geist: Eine Theorie

- Wenn alle diese Fälle echt sind, wie kann dann das Bewusstsein nach dem Tod des Gehirns weiterbestehen? Dr. Tucker schlägt vor, dass die Quantenmechanik eine theoretische Erklärung bieten könnte. Nach der Quantentheorie existiert die Materie nur, wenn sie beobachtet wird. Wenn das Bewusstsein das ist, was die materielle Welt ins Leben ruft, könnte es nicht von der Materie, einschließlich des Gehirns, abhängen. In diesem Fall könnte das Bewusstsein möglicherweise in ein neues Gehirn übergehen und nach dem Tod des jetzigen Körpers in einem anderen Leben weiterleben. Dieses Konzept deckt sich mit den Ansichten von Physikern wie Max Planck, der glaubte, dass die materielle Welt ein Produkt bewusster Beobachtung ist.

- Darüber hinaus schlug der Schweizer Psychiater und Psychotherapeut Carl Jung in Anlehnung an den alten Text "The Bardo Thodol" (auch bekannt als "Das tibetische Totenbuch") vor, dass die menschliche Psyche ein "kollektives Unbewusstes" enthält - ein gemeinsames Reservoir archetypischer Symbole und Erfahrungen, die wir von unseren Vorfahren geerbt haben. Während das Bewusstsein mit dem Tod des physischen Gehirns erlischt, könnte das kollektive Unbewusste nach dieser Auffassung über die Beschränkungen von Raum und Zeit hinaus fortbestehen und Informationen aus vergangenen Leben enthalten, die auf neue Individuen übertragen werden könnten[38] . Wenn dies zutrifft, könnten die Gedanken und Verhaltensweisen des aktuellen Lebens die Gedanken und Verhaltensweisen der nachfolgenden Leben beeinflussen.

- Obwohl viele Wissenschaftler die Studien über das Bewusstsein und frühere Leben als kontraintuitiv und schwer zu akzeptieren empfinden, schreitet die Erforschung dieser Mysterien weiter voran. Früher haben Wissenschaftler solche Themen oft vermieden, weil sie befürchteten, dass ihr Ruf und ihre Karriere Schaden nehmen könnten. Glücklicherweise sind Wissenschaftler heute zunehmend offen für die Erforschung dieser Bereiche, und heute ist ein umfassender Forschungsansatz, der Neurowissenschaften, Psychologie und Quantenphysik integriert, wichtiger denn je. Die zunehmende Konzentration auf die Psyche und die Erforschung vergangener Leben verspricht, Antworten auf einige der tiefgreifendsten Fragen über das Universum und unsere Existenz darin zu finden.

Anmerkungen

1. Kam-Hansen, S., Jakubowski, M., Kelley, J. M., Kirsch, I., Hoaglin, D. C., Kaptchuk, T. J., & Burstein, R. (2014). Altered placebo and drug labeling changes the outcome of episodic migraine attacks. *Science Translational Medicine, 6*(218). https://doi.org/10.1126/scitranslmed.3006175

2. Tinnermann, A., Geuter, S., Sprenger, C., Finsterbusch, J., & Büchel, C. (2017). Interactions between brain and spinal cord mediate value effects in nocebo hyperalgesia. *Science, 358*(6359), 105–108. https://doi.org/10.1126/science.aan1221

3. Langer, E. J. (2009). *Counterclockwise: Mindful health and the power of possibility.* http://ci.nii.ac.jp/ncid/BB12235341

4. Park, C., Pagnini, F., Reece, A., Phillips, D., & Langer, E. (2016). Blood sugar level follows perceived time rather than actual time in people with type 2 diabetes. *Proceedings of the National Academy of Sciences, 113*(29), 8168–8170. https://doi.org/10.1073/pnas.1603444113

5. Aungle, P., & Langer, E. (2023). Physical healing as a function of perceived time. *Scientific Reports, 13*(1). https://doi.org/10.1038/s41598-023-50009-3

6. Crum, A. J., & Langer, E. J. (2007). Mind-Set matters. *Psychological Science, 18*(2), 165–171. https://doi.org/10.1111/j.1467-9280.2007.01867.x

7. Zahrt, O. H., Evans, K., Murnane, E., Santoro, E., Baiocchi, M., Landay, J., Delp, S., & Crum, A. (2022). Effects of wearable fitness trackers and activity adequacy mindsets on affect, behavior, and health: longitudinal randomized controlled trial. *Journal of Medical Internet Research, 25*, e40529. https://doi.org/10.2196/40529

8. Ranganathan, V. K., Siemionow, V., Liu, J. Z., Sahgal, V., & Yue, G. H. (2004). From mental power to muscle power—gaining strength by using the mind. *Neuropsychologia*, *42*(7), 944–956. https://doi.org/10.1016/j.neuropsychologia.2003.11.018

9. Mendoza, D., & Wichman, H. (1978). "Inner" Darts: Effects of mental practice on performance of dart throwing. *Perceptual and Motor Skills*, *47*(3_suppl), 1195–1199. https://doi.org/10.2466/pms.1978.47.3f.1195

10. Driskell, J. E., Copper, C., & Moran, A. (1994). Does mental practice enhance performance? *Journal of Applied Psychology*, *79*(4), 481–492. https://doi.org/10.1037/0021-9010.79.4.481

11. Toth, A. J., McNeill, E., Hayes, K., Moran, A. P., & Campbell, M. (2020). Does mental practice still enhance performance? A 24 Year follow-up and meta-analytic replication and extension. *Psychology of Sport and Exercise*, *48*, 101672. https://doi.org/10.1016/j.psychsport.2020.101672

12. *Books We Love: Meditation Saved My Life | Meditation Wise*. (n.d.). https://www.meditationwise.com/books-we-love-meditation-saved-my-life

13. McGreevey, S. (2019, September 12). Eight weeks to a better brain. *Harvard Gazette.* https://news.harvard.edu/gazette/story/2011/01/eight-weeks-to-a-better-brain/

14. Soon, C. S., Brass, M., Heinze, H., & Haynes, J. (2008). Unconscious determinants of free decisions in the human brain. *Nature Neuroscience, 11*(5), 543–545. https://doi.org/10.1038/nn.2112

15. Creswell, J. D., Bursley, J. K., & Satpute, A. B. (2013). Neural reactivation links unconscious thought to decision-making performance. *Social Cognitive and Affective Neuroscience*, *8*(8), 863–869. https://doi.org/10.1093/scan/nst004

16. Sinclair-Gieben, A., & Chalmers, D. (1959). EVALUATION OF TREATMENT OF WARTS BY HYPNOSIS. *The Lancet*, *274*(7101), 480–482. https://doi.org/10.1016/s0140-6736(59)90605-1

17. Surman, O. S. (1973). Hypnosis in the treatment of warts. *Archives of General Psychiatry*, *28*(3), 439. https://doi.org/10.1001/archpsyc.1973.01750330111018

18. Shenefelt, P. D. (2000). Hypnosis in Dermatology. *Archives of Dermatology*, *136*(3). https://doi.org/10.1001/archderm.136.3.393

19. Ewin, D. M. (1992). Hypnotherapy for Warts (Verruca Vulgaris): 41 Consecutive Cases with 33 Cures. *American Journal of Clinical Hypnosis*, *35*(1), 1–10. https://doi.org/10.1080/00029157.1992.10402977

20. Weiss, B. (1988). *Many lives, many masters: The true story of a prominent psychiatrist, his young patient, and the past-life therapy that changed both their lives*. Touchstone USA.

21. Henry, R. C. (2005). The mental Universe. *Nature*, *436*(7047), 29. https://doi.org/10.1038/436029a

22. Merali, Z. (2015). Quantum physics: What is really real? *Nature*, *521*(7552), 278–280. https://doi.org/10.1038/521278a

23. Konvalinka, I., Xygalatas, D., Bulbulia, J., Schjødt, U., Jegindø, E., Wallot, S., Van Orden, G., & Roepstorff, A. (2011). Synchronized arousal between performers and related spectators in a fire-walking ritual. *Proceedings of the National Academy of Sciences*, *108*(20), 8514–8519. https://doi.org/10.1073/pnas.1016955108

24. Feldman, R., Magori-Cohen, R., Galili, G., Singer, M., & Louzoun, Y. (2011). Mother and infant coordinate heart rhythms through episodes of interaction synchrony. *Infant Behavior and Development*, *34*(4), 569–577. https://doi.org/10.1016/j.infbeh.2011.06.008

25. *Lovers' hearts beat in sync, UC Davis study says*. (2016, January 24). UC Davis. https://www.ucdavis.edu/news/lovers-hearts-beat-sync-uc-davis-study-says

26. University of Colorado at Boulder. (2017, June 21). When lovers touch, their breathing, heartbeat syncs, pain wanes, study shows. *ScienceDaily*. www.sciencedaily.com/releases/2017/06/170621125313.htm

27. Hatchard, G. D., Deans, A. J., Cavanaugh, K. L., & Orme-Johnson, D. W. (1996). The maharishi effect: A model for social improvement. Time series analysis of a phase transition to reduced crime in merseyside metropolitan area. *Psychology Crime and Law*, *2*(3), 165–174. https://doi.org/10.1080/10683169608409775

28. Hagelin, J.S., Rainforth, M.V., Cavanaugh, K.L.C. et al. (1999). Effects of Group Practice of the Transcendental Meditation Program on Preventing Violent Crime in Washington, D.C.: Results of the National Demonstration Project, June-July 1993. *Social Indicators Research 47*, 153–201. https://doi.org/10.1023/A:1006978911496

29. Orme-Johnson, D. W., Cavanaugh, K. L., Dillbeck, M. C., & Goodman, R. S. (2022). Field-Effects of Consciousness: A Seventeen-Year study of the effects of group practice of the Transcendental Meditation and TM-Sidhi programs on reducing national stress in the United States. *World Journal of Social Science*, *9*(2), 1. https://doi.org/10.5430/wjss.v9n2p1

30. Cowen, R. (2015). The quantum source of space-time. *Nature*, *527*(7578), 290–293. https://doi.org/10.1038/527290a

31. *Science of Water – Office Masaru Emoto*. (n.d.). https://masaru-emoto.net/en/science-of-messages-from-water/

32. *Princeton Engineering Anomalies Research*. (n.d.). https://pearlab.icrl.org/index.html

33. Jahn, R. G., Jr., Dunne, B. J., Nelson, R. D., Dobyns, Y. H., Bradish, G. J., Princeton Engineering Anomalies Research (PEAR), & School of Engineering and Applied Science, Princeton University. (1997). Correlations of Random Binary Sequences with Pre-Stated Operator Intention: A Review of a 12-Year Program. *Journal of Scientific Exploration*, *11–11*(3), 345–367. https://pearlab.icrl.org/pdfs/1997-correlations-random-binary-sequences-12-year-review.pdf

34. *To do no harm | Magazine | The Harvard Crimson*. (n.d.). https://www.thecrimson.com/article/2020/2/20/eben-alexander-profile/

35. CBS News. (2017, October 20). *Researchers say there's evidence that consciousness continues after clinical death* [Video]. YouTube. https://www.youtube.com/watch?v=WnoIf2NwaRY

36. Stevenson, I. (1997). *Reincarnation and Biology: A contribution to the etiology of birthmarks and birth defects*. Praeger

37. Tucker, J. B. (2005). *Life before life: A scientific investigation of children's memories of previous lives.* St Martin's Press.

38. The SAP (Society of Analytical Psychology). (2023, November 30). Carl Jung | Biography, Archetypes & Beliefs | The SAP. *The Society of Analytical Psychology*. https://www.thesap.org.uk/articles-on-jungian-psychology-2/carl-gustav-jung/

Chapter 8

Schlussbemerkungen

Dies ist das Ende des Buches. Auf diesen Seiten haben wir die Wunder und Geheimnisse der Natur, des Universums, des Gehirns und des Geistes erkundet. Jede Entdeckung wird durch wissenschaftliche Beweise untermauert, und ich hoffe, Sie haben die Reise genossen und waren genauso erstaunt wie ich.

Als Kind war ich fasziniert von den Geheimnissen der Natur und des menschlichen Geistes. Ich konnte nicht anders, als nach dem "Warum" zu fragen: Warum glitzern die Sterne am Nachthimmel? Warum geht die Sonne im Osten auf? Warum bin ich *ich* und nicht jemand anderes? Jahrelang ging ich diesen Fragen nach und erforschte Nervenkrankheiten und neuronale Regeneration an einem weltberühmten Institut in Boston unter der Leitung eines Nobelpreisträgers. Ich hoffte, dass ich eines Tages mein eigenes Forschungslabor leiten würde, um nach Antworten auf diese tiefgreifenden Rätsel zu suchen. Doch ich musste feststellen, dass die Mainstream-Wissenschaft - vor allem im Bereich der Biowissenschaften - die Rolle des menschlichen Geistes bei der Gestaltung der physischen Realität oft außer Acht lässt. In einer Zeit, in der der berufliche Erfolg von der Anzahl der Veröffentlichungen und den Impact-Faktoren abhängt, werden die wirklichen Fragen, die es wert sind, dass man sich ihnen ein Leben lang widmet, oft ignoriert oder vergessen. Wenn es darum geht, einen Arbeitsplatz zu sichern, Stipendien zu gewinnen und talentierte Studenten anzuziehen, geht es heute mehr um Metriken als um Neugierde. Aus diesem Grund habe ich mich entschlossen, dieses Buch zu schreiben. Nicht, weil wir bereits alle Antworten haben, sondern weil es an der Zeit ist, sich wieder auf die grundlegenden Fragen zu konzentrieren: *Wer sind wir? Was ist der Geist?* Dies sind die Geheimnisse, die unsere Aufmerksamkeit verdienen, und ich hoffe, dass dieses Buch eine neue Neugierde und Offenheit für die Erforschung des Unbekannten weckt.

Ursprünglich habe ich nicht an Spiritualität geglaubt. Als gut ausgebildeter Neurowissenschaftler war ich einst fest davon überzeugt, dass das Bewusstsein lediglich ein Nebenprodukt des materiellen Gehirns ist und dass alle Geheimnisse des Lebens in unseren Genen verschlüsselt sind. Ich dachte, dass das Verständnis der Funktion der einzelnen Gene und ihrer Wechselwirkung ausreichen würde, um die Geheimnisse des Lebens zu entschlüsseln, einschließlich der Funktionsweise des Geistes. Doch ein Vorfall änderte meine Sichtweise.

Im Jahr 2011 wurde bei meiner Mutter rheumatoide Arthritis (RA) diagnostiziert, eine Autoimmunerkrankung, bei der das körpereigene Immunsystem überaktiv wird und beginnt, das eigene Gewebe, insbesondere die Gelenke, anzugreifen. RA ist unglaublich schmerzhaft. Irgendwann waren ihre Fingergelenke so geschwollen, dass sie alltägliche Tätigkeiten wie Putzen und Kochen nicht mehr bewältigen konnte. Mehrere Monate lang musste ein Nachbar kommen, um sie zu pflegen. Als ich sie jedoch sechs Monate später besuchte, schien sie sich vollständig erholt zu haben, und ihre Fingergelenke sahen nicht anders aus als meine. Ich war schockiert, denn ich wusste, dass es keine Heilung für RA gibt - die beste bekannte Behandlung besteht darin, das überaktive Immunsystem zu unterdrücken und die Entzündung mit Immunsuppressiva zu reduzieren. Neugierig fragte ich sie, welches magische" Medikament sie genommen hatte. Zu meiner Überraschung antwortete sie einfach: "Meditation". Dann sah sie mich an und sagte: "Wenn Sie das Leben der Menschen verbessern wollen, müssen Sie mehr über den Geist lernen."

Dieser Moment war ein Wendepunkt in meinem Leben. Meine Mutter ist Buddhistin, und ich erinnere mich, wie sie immer zu Buddha betete, wenn wir Schwierigkeiten hatten, als ich noch sehr klein war. Nach der Scheidung von meinem Vater arbeitete sie unermüdlich, um genug Geld zu verdienen, um meinen Zwillingsbruder und mich großzuziehen. Mit einem Monatsgehalt von weniger als 100 Dollar, als ich noch ein Kind war, hatten wir häufig mit finanziellen Krisen zu kämpfen. Aber wir schafften es, die harten Zeiten zu überstehen, vielleicht dank ihrer unermüdlichen Gebete. Anders als meine Mutter hatte ich damals keine besondere Bindung an eine bestimmte Religion. Ich war auch nicht dagegen; ich sah die Religion als einen Weg, um in den Tiefpunkten des Lebens Trost zu spenden. Aber nachdem ich Zeuge ihrer magischen Heilung von der RA geworden war, wurde ich zum ersten Mal wirklich neugierig auf die Macht des menschlichen Geistes. War die Wirkung real? Wie sehr kann unser Geist unseren Körper beeinflussen? Was war der Mechanismus dahinter? Wenn Meditation eine "unheilbare" Krankheit wie RA heilen konnte, welche anderen Leiden könnte die Kraft des Geistes dann noch behandeln? Ohne zu zögern, machte ich mich auf den Weg, um ausgiebig zu recherchieren und zu lesen. Dieses Buch ist das Ergebnis jahrelanger Forschungen und Studien, und meiner Meinung nach war es weitaus erfüllender als der Abschluss meiner Doktorarbeit.

Die Reise war lohnend, aber auch voller Herausforderungen. Die Schwierigkeiten kamen nicht vom Lernen selbst, sondern von einigen Freunden und Kollegen, die glauben, dass ich einen falschen wissenschaftlichen Weg eingeschlagen habe, und die Forschungsergebnisse, die ich mit ihnen teilte, als Pseudowissenschaft bezeichneten. Doch als wir uns mit den Details der Experimente beschäftigten, verloren sie oft die Grundlage für ihre Kritik und mussten anerkennen, dass etwas Faszinierendes geschah. Als konventionell ausgebildete Wissenschaftler stehen wir ständig unter dem Druck, die Finanzierung zu sichern und Forschungsarbeiten zu veröffentlichen, wodurch wir daran gewöhnt sind, innerhalb unserer Komfortzone zu bleiben und uns jeweils auf eine einzige, eng begrenzte Frage zu konzentrieren. Mein Mentor hat mir immer gesagt, ich solle bei meinen Forschungsfragen "spezifisch" sein. Dieser Ansatz hat zwar zweifellos zur Entwicklung der modernen Medizin und des heutigen Wissensstandes beigetragen, doch ist er bei der Heilung komplexer Krankheiten wahrscheinlich nicht wirksam. Denn abgesehen von einigen wenigen Fällen, in denen eine Krankheit durch eine einzige Genmutation verursacht wird, sind an der Entstehung und dem Fortschreiten komplexer Krankheiten (wie Alzheimer) Hunderte, wenn nicht Tausende von Genen beteiligt. Wenn wir weiterhin nach einzelnen Genen suchen, die für das gesamte Spektrum der Krankheitssymptome verantwortlich sind - ein reduktionistischer Ansatz -, verlieren wir den Blick für das große Ganze. Die zahlreichen Misserfolge bei der Entwicklung von Alzheimer-Medikamenten - nur zwei von 100 (2 %) klinischen Versuchen der Phasen II und III seit 2003 zeigten eine Verbesserung - machen deutlich, dass wir unsere Methodik überdenken müssen[1] . Es ist von entscheidender Bedeutung, den "Schalter" zu finden, der das Verhalten all dieser Gene steuert, und ich glaube, dass dieser Schlüssel in unserem Geist liegen könnte. Die Genesung meiner Mutter von RA und die wundersame Heilung des Beins von Phakyab Rinpoche, der eine Amputation vermeiden konnte, sind überzeugende Beispiele für diese Möglichkeit.

Gleichzeitig war die Unterstützung durch einige meiner jungen Kollegen sehr ermutigend. Sie sind wirklich begeistert von der Erforschung des Gehirns und des Geistes und glauben, dass die auf dem Geist basierende Therapie ein wichtiger Bestandteil der zukünftigen Medizin sein wird. Diese jungen Wissenschaftler haben bestimmte Eigenschaften gemeinsam: Sie begeistern sich für das Unbekannte, sind aufgeschlossen, haben breit gefächerte Interessen und beschäftigen sich intensiv mit den grundlegenden Fragen der Natur und des Universums. Sie sind die Hoffnung für unsere Zukunft. Indem wir die Strenge der traditionellen Wissenschaft mit einer aufgeschlossenen Herangehensweise an ungewöhnliche Phänomene kombinieren, haben wir eine echte Chance, unser Verständnis voranzubringen und einen tiefen Einblick und Respekt für das Universum zu entwickeln, in dem wir leben.

Tatsächlich erkennen immer mehr Mediziner die Bedeutung der Psyche bei der Behandlung und Genesung von Krankheiten an. Achtsamkeitsmeditation ist in großen Krankenhäusern wie dem Massachusetts General Hospital, Stanford Health Care und NewYork-Presbyterian zu einer Standardtherapie geworden. Führende Unternehmen wie Google und Meta stellen ebenfalls Ressourcen zur Verfügung, um die Meditationspraxis ihrer Mitarbeiter zu fördern. Wir können uns jedoch nicht mit der Vorstellung zufrieden geben, dass Meditation uns einfach glücklicher macht. Wir müssen tiefer in das Verständnis der innigen Verbindung zwischen Geist, Körper und Universum eindringen. In einer zunehmend materialistischen Gesellschaft, in der die Welt mit einem Anstieg der Kriminalität, Kriegen, Hungersnöten und Naturkatastrophen konfrontiert ist, müssen wir uns fragen, was wir tun können, um diese Probleme zu lösen. Welches Erbe werden wir der nächsten Generation hinterlassen? Die Antwort könnte wieder einmal in der Kraft des menschlichen Geistes liegen.

Schließlich dürfen wir die alte Weisheit unserer Vorfahren nicht vergessen. Ob sie nun aus dem Osten oder dem Westen kommt, diese Weisheit hat den Test der Zeit überstanden und strahlt durch Tausende von Jahren der menschlichen Geschichte. Ich erinnere mich, dass mir mein Meister, als ich anfing zu meditieren, sagte: "Du musst dein Herz öffnen und dich mehr um andere fühlende Wesen kümmern als um dich selbst. Selbstanhaftung ist die Wurzel allen Leidens, und anderen Wesen zu helfen ist die Quelle allen Glücks." Als ich fragte, warum, erklärte er: "Weil alles eine Projektion deines Geistes ist, und alles um dich herum miteinander verbunden ist. Andere zu lieben und ihnen zu helfen, bedeutet im Grunde, sich selbst zu lieben und zu helfen." Zunächst fiel es mir schwer, seine Worte zu verstehen. Aber jetzt, nach Jahren des Lernens, sehe ich, dass die Wissenschaftler langsam zu ähnlichen Schlussfolgerungen kommen. Ist das ein Zufall? Vielleicht, vielleicht aber auch nicht. Auf den ersten Blick mögen Wissenschaft und Religion sehr unterschiedlich, ja sogar widersprüchlich erscheinen, aber letztlich sind es unterschiedliche Wege, die zur gleichen Wahrheit führen. Es mag zahllose Wege geben, um zu einem Verständnis zu gelangen, aber die zugrunde liegende Wahrheit bleibt konstant. Wie Max Planck einmal sagte: "Alle Materie entsteht und existiert nur durch eine Kraft, die das Teilchen eines Atoms zum Schwingen bringt und dieses winzigste Sonnensystem des Atoms zusammenhält. Wir müssen hinter dieser Kraft die Existenz eines bewussten und intelligenten Geistes vermuten. Dieser Geist ist die Matrix der gesamten Materie."

Lasst uns unseren Geist läutern und all die schönen Dinge geschehen lassen.

P.S. Unten habe ich ein paar kraftvolle Mantras aufgeführt, die mir mein Meister beigebracht hat. Diese Mantras können helfen, den Geist zu beruhigen, Negativität zu vertreiben, die Gesundheit zu verbessern und sogar Wohlstand anzuziehen. Sie sollten mit guten Absichten verwendet werden - damit wir anderen besser helfen können - um ihre Kraft zu maximieren. Mein Meister lehrte, dass es akzeptabel ist, mit einem engen Fokus zu beten, obwohl es in den meisten Fällen unwahrscheinlich ist, dass man mehr als das erhält, was das Karma des vergangenen Lebens erlaubt. Ich hoffe, Sie finden diese Lehren genauso nützlich wie ich.

Mani Mantra: *Om Mani Padme Hung*

Dieses Mantra dient der Überwindung von Hindernissen, Unglück, Krankheiten und Katastrophen. Letztendlich führt es zur Befreiung von Leiden und zum Erreichen der Erleuchtung.

Tara Mantra: *Om Tare Tuttare Ture Soha*

Dieses Mantra dient dazu, Hindernisse zu beseitigen, die berufliche Entwicklung zu fördern und die Beziehungen zu Familie, Kollegen und Freunden zu verbessern. Wie das Mani Mantra führt auch dieses Mantra zur Befreiung von Leiden und zur Erleuchtung.

Manjushri Mantra: *Om Ah Ra Pa Tsa Na Dhi*

Dieses Mantra dient dazu, das Wissen zu erweitern, die höchsten Ebenen der Lehren zu meistern, die Ausdrucksfähigkeit und das Gedächtnis zu verbessern und ultimative Weisheit zu erlangen.

Mögen alle Wesen davon profitieren.

Hinweis

1. Kim, C. K., Lee, Y. R., Ong, L., Gold, M., Kalali, A., & Sarkar, J. (2022). Alzheimer's Disease: Key Insights from Two Decades of Clinical Trial Failures. *Journal of Alzheimer's Disease, 87*(1), 83-100. https://doi.org/10.3233/jad-215699

Verbunden bleiben

Bleiben Sie neugierig und informiert!

Vielen Dank, dass Sie die Wunder in diesem Buch erforscht haben. Möchten Sie das Abenteuer fortsetzen? Abonnieren Sie meinen kostenlosen zweiwöchentlichen Newsletter mit den neuesten Durchbrüchen und faszinierenden Entdeckungen in der Wissenschaft und darüber hinaus. Scannen Sie einfach den QR-Code, um sich anzumelden und keine inspirierenden Innovationen mehr zu verpassen!

Scannen zum Abonnieren

Ihr Feedback ist wichtig!

Wenn Ihnen dieses Buch gefallen hat, wäre ich Ihnen sehr dankbar, wenn Sie sich einen Moment Zeit nehmen würden, um eine positive Bewertung zu hinterlassen. Ihre Gedanken inspirieren mich und helfen anderen, dieses Werk zu entdecken. Scannen Sie den QR-Code oder nutzen Sie den Link, um Ihre Erfahrungen zu teilen. Vielen Dank für Ihre Unterstützung - sie bedeutet mir sehr viel!

https://www.amazon.com/review/create-review?&asin=B0DPKL5J17

Made in the USA
Monee, IL
09 November 2026

68084778R00096